高效养蝎子

周元军 编 著

机械工业出版社

本书由临沂大学周元军教授结合多年的科研成果和养蝎经验编写而成。全书从蝎子的利用价值和市场发展前景入手,以东亚钳蝎为主,分别对蝎子的生物学特性,蝎子的生长发育和繁殖,蝎子的人工繁殖,人工养蝎的设施及饲养方式,人工养蝎的饲养管理,蝎子的病害与敌害防治,蝎子的采收、运输、加工与保存,蝎毒提取与加工技术,蝎子蜇伤与救护,以及蝎子饲料虫的养殖等方面作了详尽的介绍。

本书内容系统全面,讲解深入浅出、通俗易懂,图文并茂,突出科学性、针对性、实用性和趣味性,力求用新技术、新内容、新形式,使之在生产中更具有可操作性,让读者一看就懂、一学就会。

本书适合广大养蝎工作者、养蝎专业户、养蝎场和基层科技人员使用,也可作为职业技术院校的教学用书。

图书在版编目(CIP)数据

高效养蝎子/周元军编著. —北京:机械工业出版社,2014.1(2024.1重印)
(高效养殖致富直通车)
ISBN 978-7-111-44639-2

Ⅰ.①高… Ⅱ.①周… Ⅲ.①全蝎–饲养管理 Ⅳ.①S865.4

中国版本图书馆 CIP 数据核字(2013)第 259117 号

机械工业出版社(北京市百万庄大街22号 邮政编码100037)
总 策 划:李俊玲 张敬柱
策划编辑:郎 峰 高 伟 责任编辑:郎 峰 高 伟 李俊慧
版式设计:霍永明 责任校对:郭明磊
责任印制:张 博
三河市国英印务有限公司印刷
2024年1月第1版第11次印刷
140mm×203mm・7.375 印张・176 千字
标准书号:ISBN 978-7-111-44639-2
定价:39.80 元

电话服务 网络服务
客服电话:010-88361066 机 工 官 网:www.cmpbook.com
　　　　　010-88379833 机 工 官 博:weibo.com/cmp1952
　　　　　010-68326294 金 书 网:www.golden-book.com
封底无防伪标均为盗版 机工教育服务网:www.cmpedu.com

高效养殖致富直通车
编审委员会

主　　任　赵广永
副 主 任　何宏轩　朱新平　武　英　董传河
委　　员（按姓氏笔画排序）
　　　　　丁　雷　刁有江　马　建　马玉华　王凤英　王自力
　　　　　王会珍　王凯英　王学梅　王雪鹏　占家智　付利芝
　　　　　朱小甫　刘建柱　孙卫东　李和平　李学伍　李顺才
　　　　　李俊玲　杨　柳　吴　琼　谷风柱　邹叶茂　宋传生
　　　　　张中印　张素辉　张敬柱　陈宗刚　易　立　周元军
　　　　　周佳萍　赵伟刚　郎跃深　南佑平　顾学玲　曹顶国
　　　　　盛清凯　程世鹏　熊家军　樊新忠　戴荣国　魏刚才
秘 书 长　何宏轩
秘　　书　郎　峰　高　伟

序

　　改革开放以来，我国养殖业发展非常迅速，肉、蛋、奶、鱼等产品产量稳步增加，在提高人民生活水平方面发挥着越来越重要的作用。同时，从事各种养殖业也已成为农民脱贫致富的重要途径。近年来，我国经济的快速发展为养殖业提出了新要求，以市场为导向，从传统的养殖生产经营模式向现代高科技生产经营模式转变，安全、健康、优质、高效和环保已成为养殖业发展的既定方向。

　　针对我国养殖业发展的迫切需要，机械工业出版社坚持高起点、高质量、高标准的原则，组织全国20多家科研院所的理论水平高、实践经验丰富的专家学者、科研人员及一线技术人员编写了这套"高效养殖致富直通车"丛书，范围涵盖了畜牧、水产及特种经济动物的养殖技术和疾病防治技术等。

　　丛书应用了大量生产现场图片，形象直观、语言精练、简洁，深入浅出，重点突出，篇幅适中，并面向产业发展需求，密切联系生产实际，吸纳了最新科研成果，使读者能科学、快速地解决养殖过程中遇到的各种难题。丛书表现形式新颖，大部分图书采用双色印刷，设有"提示"、"注意"等小栏目，配有一些成功养殖的典型案例，突出实用性、可操作性和指导性。

　　丛书针对性强，性价比高，易学易用，是广大养殖户和相关技术人员、管理人员不可多得的好参谋、好帮手。

　　祝大家学用相长，读书愉快！

中国农业大学动物科技学院
2014年1月

前　言

早在两千多年前，我国劳动人民就认识到蝎子的药用价值，蝎子入药后名为全蝎、全虫。近年来，随着人民群众生活水平的不断提高，以及对膳食营养保健功能的注重，蝎子又作为美味佳肴摆上了酒席宴桌。

目前，用全蝎配制的中成药已达数十种，例如，治疗面部神经麻痹的牵正散，治疗蛇伤的南通蛇药片及一些特效药（大活络丹、再造丸、止痉散、七珍丹）等；全蝎还可以与其他中药配制出数百种药方，广为人们使用。另外，蝎子的菜谱也达近百种，用全蝎制成的既具有高级营养价值，又有较强保健作用的食品，备受人们青睐。由于蝎子的用途不断扩大，势必加大了蝎子的社会需求量。但是，可提供的自然蝎源十分有限，导致供需矛盾越来越突出。因此，人工养殖蝎子势在必行。为使广大养蝎户及养蝎爱好者们能全面、系统、客观、深入地了解蝎子和掌握人工养殖蝎子的新技术、新方法，笔者结合多年的科研成果和养蝎经验编写了本书。

本书所用药物及其使用剂量仅供读者参考，不可照搬。在生产实际中，所用药物学名、常用名和实际商品名称有差异，药物浓度也有所不同，建议读者在使用每一种药物之前，参阅厂家提供的产品说明以确认药物用量、用药方法、用药时间及禁忌等。购买兽药时，执业兽医有责任根据经验和对患病动物的了解决定用药量及选择最佳治疗方案。

在编写过程中，笔者力求突出实用性、系统性和科学性，采用图文并茂的形式介绍了蝎子的经济价值与开发前景，蝎子的生物学特性，蝎子的生长发育和繁殖，蝎子的人工繁殖，人工养蝎的设施及饲养方式，人工养蝎的饲养管理，蝎子的病害与敌害防治，蝎子的采收、运输、加工与保存，蝎毒提取与加工技术，蝎子蜇伤与救护，以及蝎子饲料虫的养殖技术，并汇集了大量的民间全蝎药方。本书既收录了笔者的研究成果和养蝎经验，也参考了其他人的宝贵经验，全书共插图百余幅，文图相映，相辅相成，深入浅出，通俗易懂，适合广大养蝎工作者、养蝎专业户、养蝎场和基层科技人员使用，也可作为职业技术院校的教学用书。

由于笔者水平有限，书中不足甚至错误之外在所难免，恳请同行及广大读者提出更好的见解和宝贵的建议，以便再版时充实完善。

编　者

目 录

序

前言

第一章 概述

第一节 蝎子的种类与分布 …………… 1
一、蝎子的种类 ……… 1
二、蝎子的分布 ……… 2
第二节 蝎子的开发价值… 7
一、蝎子的药用价值 … 7
二、蝎子的食用价值 … 8
三、蝎子的开发利用 … 8
第三节 我国人工养蝎的现状和发展前景 …… 9
一、我国人工养蝎的现状 ……………… 9
二、我国人工养蝎的发展前景 ………… 11

第二章 蝎子的生物学特性

第一节 蝎子的形态特征 ………………… 13
一、蝎子的外部形态 ………………… 13
二、蝎子的内部构造 ………………… 15
三、雌雄蝎子的鉴别 ………………… 22
第二节 蝎子的生活习性 ………………… 24
一、蝎子的生活史 …… 24
二、蝎子的习性 ……… 25
第三节 环境因素对蝎子的影响 ………… 32
一、温度 ……………… 33
二、湿度 ……………… 34

Ⅶ

三、水分 …………… 36
四、风化土 ………… 37
五、光线 …………… 37
六、风 ……………… 38
七、空气 …………… 38
八、天敌 …………… 38

第三章　蝎子的生长发育和繁殖

第一节　蝎子的蜕皮 …… 40
 一、蜕皮过程 ………… 40
 二、蜕皮的预兆和
  蜕皮方法 ………… 41
 三、影响蜕皮成功的
  主要因素 ………… 42
第二节　蝎子的生长发育
 ………………………… 44
 一、个体生长 ………… 44
 二、行为发育 ………… 45
第三节　蝎子的交配 …… 46
 一、雌雄蝎的配对 …… 46
 二、交配过程 ………… 47
第四节　蝎子的繁殖 …… 50
 一、体内孵化 ………… 50
 二、产仔 ……………… 50
 三、育仔 ……………… 52

第四章　蝎子的人工繁殖

第一节　蝎子种质资源 … 54
 一、我国野生蝎
  资源分布 ………… 54
 二、蝎子种苗的来源
  ………………………… 55
第二节　引种前的准备
 ………………………… 58
 一、饲养室的准备 …… 59
 二、饲养工具的准备
  ………………………… 60
第三节　引种时间 ……… 60
 一、春季引种 ………… 61
 二、夏季引种 ………… 61
 三、秋季引种 ………… 61
 四、冬季引种 ………… 61
第四节　选种标准 ……… 62
 一、优良种蝎 ………… 62
 二、野生种蝎 ………… 62
 三、常温养殖种蝎和控温
  养殖种蝎的区别
  ………………………… 62
第五节　种蝎的运输 …… 63
 一、运输工具 ………… 63
 二、注意事项 ………… 64
第六节　种蝎的投放 …… 64
 一、投放时间 ………… 64
 二、投放密度 ………… 65
 三、种蝎的分级 ……… 65
 四、投种后的管理要点
  ………………………… 66

第七节 种蝎的选配 …… 66
　一、种蝎选配的原则 …… 66
　二、交配方法 …… 67

第五章 人工养蝎的设施及饲养方式

第一节 蝎子的饲养设施 …… 68
　一、野生蝎子的栖息场所 …… 68
　二、蝎场的建造 …… 70
　三、蝎房的建造 …… 73
　四、蝎窝的建造 …… 73
　五、养殖场配套设施建设 …… 76

第二节 人工养蝎的方式 …… 77
　一、家庭庭院式养蝎 …… 77
　二、散养场式养蝎 …… 88
　三、大规模式养蝎 …… 89
　四、塑料温棚式养蝎 …… 91

第六章 人工养蝎的饲养管理

第一节 蝎子饲养管理的一般原则 …… 96
　一、对饲养管理人员的要求 …… 96
　二、适宜的饲养密度 …… 97
　三、科学投食 …… 97
　四、科学喂水 …… 98
　五、温度与湿度的相互协调 …… 99
　六、及时分群饲养 …… 101
　七、防止逃逸 …… 101

第二节 蝎子的营养与饲料 …… 102
　一、蝎子所需的营养要素 …… 102
　二、蝎子的常用饲料 …… 107
　三、蝎子配合饲料的加工 …… 109

第三节 不同时期蝎子的饲养管理 …… 110
　一、孕蝎的饲养管理 …… 110
　二、育仔蝎的饲养管理 …… 113
　三、幼龄蝎的饲养管理 …… 115
　四、青年蝎的饲养管理 …… 117
　五、成年蝎的饲养管理 …… 118

六、交配蝎的饲养管理 …………………………………… 119

第四节　不同季节蝎子的饲养管理 …… 120
一、春季的饲养管理 …………………………………… 121
二、夏季的饲养管理 …………………………………… 122
三、秋季的饲养管理 …………………………………… 123
四、冬季的饲养管理 …………………………………… 124

第五节　蝎子无休眠饲养技术 …… 125
一、无休眠饲养法的特征 ………… 125
二、无休眠饲养的温湿度要求 …… 126
三、无休眠饲养温湿度的调节 …… 127
四、加温饲养方式 …… 128

第七章　蝎子的病害与敌害防治

第一节　蝎子常见疾病的预防措施 …… 133
一、蝎子疾病的发生与传播 ………… 133
二、养蝎场的卫生防疫 ………… 134

第二节　蝎子的常见病害 …………………………………… 137
一、水肿病 ……… 137
二、脱水病 ……… 137
三、消枯病 ……… 139
四、黑腐病 ……… 139
五、霉斑病 ……… 140
六、半身不遂症 …… 141
七、步足发黑病 …… 142
八、便秘病 ……… 143
九、胃肠炎 ……… 143
十、胀肚病(大肚子病)… 144
十一、蝎螨病 ……… 145
十二、流产 ………… 145
十三、死胎 ………… 146

第三节　蝎子的天敌防除 …… 146
一、蚂蚁 ………… 147
二、老鼠 ………… 148
三、壁虎 ………… 148
四、鸡和鸟 ……… 149

第四节　蝎场常用消毒药物 …… 150
一、常用消毒药物的种类 ………… 150
二、消毒药物的应用 ………… 151
三、注意事项 …… 153

第八章 蝎子的采收、运输、加工与保存

第一节 蝎子的采收 … 154
一、采收原则和最佳采收时间 ……… 154
二、采收工具与方法 ……………… 155
第二节 蝎子的运输 … 157
一、塑料桶法运输 … 157
二、塑料盆法运输 … 157
三、编织袋法运输 … 158
第三节 蝎子的加工方法 ……… 158
一、加工蝎子的选择 ……………… 158
二、咸全蝎的加工方法 …………… 159
三、淡全蝎的加工方法 …………… 159
第四节 加工全蝎的质量等级和保存方法 … 160
一、加工药用全蝎的质量等级 ……… 160
二、商品全蝎质量的鉴别 …………… 160
三、全蝎的保存方法 ……………… 161

第九章 蝎毒提取与加工技术

第一节 蝎毒的提取技术 …………… 162
一、常用的蝎子取毒方法 ……… 162
二、蝎子的产毒量 … 165
三、影响蝎子毒量的因素 ……… 165
第二节 蝎毒的加工技术 …………… 166
一、真空干燥法 … 166
二、真空冷冻干燥法 …………… 167

第十章 蝎子蜇伤与救护

第一节 自我保护方法 …………… 168
一、设施保护方法 … 168
二、行为保护方法 … 169
第二节 蜇伤后的临床表现和处理方法 …… 169
一、蜇伤后的临床表现 …………… 169
二、蜇伤后的处理方法 …………… 170

附录

附录 A 黄粉虫的饲养技术 …………… 173

附录 B 黑粉虫的饲养技术 …………… 178

附录 C 洋虫的饲养技术 …………… 182

附录 D 蚯蚓的饲养技术 …………… 184

附录 E 地鳖虫的饲养技术 …………… 190

附录 F 鼠妇的饲养技术 …………… 199

附录 G 家蝇的饲养技术 …………… 203

附录 H 全蝎药物利用及药方汇集 …… 208

附录 I 常见计量单位名称与符号对照表 …… 223

参考文献

第一章 概述

人工养蝎业可以说是新世纪的黄金产业、朝阳产业,具有本小利大、市场稳定、用途广泛、不污染环境、经济价值高、发展前景光明、可持续发展和技术性强等特点。由于蝎子野性大,饲养管理要求较高,因此养殖时必须遵照蝎子的生长发育和繁殖规律,以及生活习性,科学饲养管理,才能取得良好的效益。

第一节 蝎子的种类与分布

一 蝎子的种类

蝎子是已知最古老的陆生节肢动物之一,也是一种重要的野生动物药材,因其全身都可入药,故中医称为"全蝎"或"全虫"(图1-1)。在动物分类学上蝎子属于节肢动物门,蛛形纲,蝎目。

图1-1 全蝎

全世界范围内蝎目中共分16科，155属，有1279种。目前，我国共有19种，如东全蝎、会全蝎、十条腿蝎、黄尾蝎、沁全蝎、辽开尔蝎、斑蝎、藏蝎等，其中分布最广的为东亚钳蝎，属钳蝎科。东亚钳蝎别名很多，如蝎子、链蝎、会蝎、剑蝎、荆蝎、主薄虫、蚕尾虫等。

二 蝎子的分布

蝎子分布的范围较广泛，在全世界（除寒带以外）的大部分温暖地区均有分布，以热带最多，亚热带次之，温带较少，在北纬42°以北地区基本无蝎子生存。据有关考察研究表明我国的19种蝎，主要分布在北纬32°~42°的东北各省以及河南、山东、河北、山西、陕西、安徽、江苏、浙江、四川、湖北、福建、西藏、台湾等省、自治区的部分地区。长江以南的广大地区，即雨水相对较多，气候相对暖湿的温带、暖温带、亚热带及热带地区分布较多，而在水分较少的西北内陆则分布较少。我国将商品蝎分东、西、南、北四大系。东是指山东，以潍坊为主要产区，这里的商品蝎称东全蝎；西是指山西，以忻县为主要产区，这里的商品蝎称晋全蝎；南是指河南，以伏牛山区的淅川为主要产区；北是指湖北，以老河口为主要产区；其南、北两系的商品蝎通称为全蝎，列为全蝎中的上等品，驰名中外。

1. 东亚钳蝎（图1-2）

东亚钳蝎又名远东蝎，因其后腹部尾节上的纵沟形状和问荆的茎相似，故有问荆蝎之称，属世界著名的蝎子种类。

图1-2 东亚钳蝎

东亚钳蝎是我国分布最广、家庭养殖最普遍的良种蝎,其主要分布在我国的河北、河南、山东、山西、陕西、安徽、江苏、福建及台湾等地。本书主要以东亚钳蝎为主进行叙述。

2. 东全蝎(图1-3)

东全蝎体深褐色,略呈黑色,体型较大,喜微酸性土壤,喜食昆虫类等小型体软动物,繁殖能力较强、产仔多,但母性较差。东全蝎主要分布在我国的山东与河北交界一带。

图1-3　东全蝎

3. 会全蝎(图1-4)

图1-4　会全蝎

会全蝎体型中等，深褐色，喜微碱性土壤，除昆虫类等小型体软动物外，还能取食一些植物性食物。雌蝎产仔较早，母性好。会全蝎主要分布在我国的河南（南阳伏牛山区）、湖北（老河口）等地。

4. 沁全蝎（图1-5）

沁全蝎是我国近年来经过与青州蝎、会全蝎杂交优化的良种蝎之一，具有繁殖快、产仔多、成活率高、寿命长等优点。该种蝎寿命8～10年，繁殖期6年，能在-5～39℃条件下生活，最适宜生长温度为28～38℃。沁全蝎饲养简单，只要精心饲养和科学管理，可年产仔3次，每次约产仔蝎30～60只，仔蝎当年即可出售。

图1-5 沁全蝎

5. 黄尾蝎（图1-6）

黄尾蝎体浅褐略带黄色，体型偏小，适应性较强，主要分布在我国的山西省。

6. 十条腿蝎（图1-7）

十条腿蝎又称十足蝎，比一般蝎多两足，其特点是个大、体肥、毒盛，主要分布在我国的豫西淅川县、陕西华阴县、山东沂蒙山区等地。

图 1-6 黄尾蝎

图 1-7 十条腿蝎

7. 辽开尔蝎（图 1-8）

辽开尔蝎体型肥大，抗逆能力强，主要分布在我国的东北地区。

8. 藏蝎（图 1-9）

藏蝎体型大，较凶悍。主要分布在我国的西藏、川西等地。

图1-8 辽开尔蝎

图1-9 藏蝎

> 【提示】 蝎子的品种很多,养殖时要根据当地的地理环境和气候条件等实际情况,合理选择不同品种的蝎子进行养殖。

第二节 蝎子的开发价值

我国是利用蝎子资源最早的国家,以东亚钳蝎成虫整体制成的"全蝎"是我国传统的名贵中药材,近年来由于全蝎由单纯药用发展到保健及提毒、餐饮等新领域,如图1-10所示。因此,蝎子的养殖开发前景广阔。

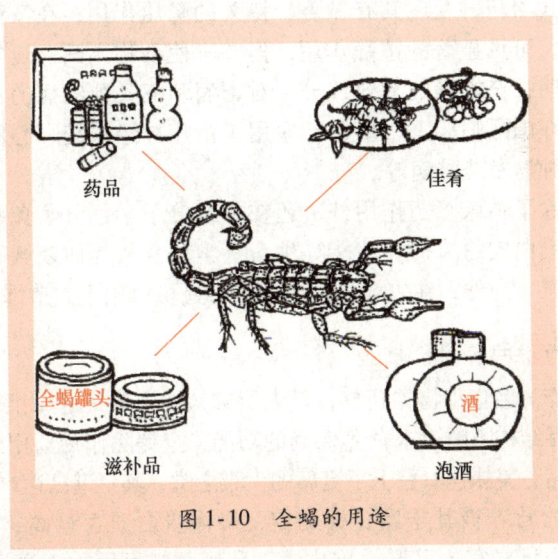

图1-10 全蝎的用途

一 蝎子的药用价值

全蝎是我国传统的名贵中药。全蝎入药已有2000多年的历史。蝎体内含有一种类似蛇神经毒素的毒性蛋白,称作"蝎毒"。早在宋代医书《开宝本草》中,对蝎子的药用功能就有文字记载。明代杰出的药学家李时珍在《本草纲目》中,对蝎子的药用功能做了更详细的介绍。历代医家都认为蝎味辛、甘,性平,有小毒,入肝经,有熄风、镇痛、止痛、窜筋、透骨、逐湿、解毒等功效,是治疗惊痉、抽搐、癫痫、中风(脑血管意外)、半身不遂、口眼歪斜、偏头痛、破伤风、肺结核、淋巴结核、疮病肿毒等多种疑难病症的最理想的药材。目前以蝎子配伍的汤剂达100多种,全蝎配制的中药达60多种。例如"再造丸"、"大活络丸"、"七珍丹"、"牵正散"、

"跌打丸"、"救心丸"、"止疼散"、"中风回春丸"等均以全蝎为主要成分。

现代科学研究证实，全蝎的药理作用主要依赖于蝎毒。蝎毒的产量很少，1万只成蝎每年只能提毒480g，但其药用价值远远高于蝎子本身。蝎毒主要存在于蝎子的尾刺中。据动物实验研究发现，蝎毒有一定的抗惊厥作用，但其毒性比蜈蚣弱；用全蝎制剂以不同途径、方式给药，发现其有显著、持久的降压作用；在清醒的动物身上使用，可见显著的镇静作用，但并不使动物入睡。近年来有关研究又表明，全蝎毒的有效成分，对癫痫和三叉神经痛的治疗有特效。目前在国际临床上，蝎毒已应用于治疗神经系统、心脑血管系统、恶性肿瘤及艾滋病等。

蝎毒除了临床医药作用外，还在神经分子学、分子免疫学、分子进化、蛋白质的结构和功能等生命科学研究及其他领域有着广阔的应用前景。另外，在农业生产中，蝎毒还可以用于制造绿色农药。

二 蝎子的食用价值

蝎子作为名贵动物类药材，是人所共知的，但是近几年来，随着人们对食品结构不断追求营养保健的功能，全蝎除作为药用外，还作为滋补食品、美味佳肴登上了宴席的大雅之堂，其菜谱已达60多种。

全蝎的营养极其丰富，据测定，蝎体蛋白质含量高，脂肪低，含有多种人体必需氨基酸、维生素，利用全蝎可以加工烹调成上百种美味佳肴。油炸全蝎、醉全蝎、蝎子滋补汤等以蝎子为原料制作的药膳食品，早已进了宾馆、饭店、酒楼甚至寻常百姓的餐桌。餐桌上，中华蝎子宴被列入国宴，已誉满全球。

三 蝎子的开发利用

随着养殖业的蓬勃发展和科研部门对全蝎研究的日渐深入，以全蝎为主要原料的保健品被相继开发出来，如蝎精口服液、蝎精胶囊、蝎粉、中华蝎补膏、中华蝎酒、全蝎罐头、蝎精美容霜等。

1. 蝎精口服液

选用鲜全蝎、蝎毒等多味中药，科学加工制成，富含人体必需的18种氨基酸及多种微量元素等活性物质，具有消炎、止咳、祛湿、通络之功效。

2. 全蝎酒

选用蝎子做主料，以灵芝酒为辅料，经选料、清洗、酒浸、装瓶、加入辅料、封瓶口和包装多道工序制作而成。其所选用的蝎子为 5~6cm 长的健壮鲜活"十足"全蝎（个大、体肥、毒盛），蝎子与酒的重量比是 15:500，全蝎在酒中的浸泡时间不少于 7 天，酒液金黄色，口感与白酒酒质一样，药效是普通八足蝎的 8 倍。每天饮用 2~3 次，每次 20~30mL，酒中全蝎可直接食用。

3. 全蝎活性胶囊

选用鲜全蝎科学加工制成，有效地保持了全蝎的营养和医疗效果，在止咳、治疗痢疾方面有特效。

4. 蝎精美容霜

用蝎子毒液及某些中药材精制而成，具有消炎、洁肤、抗皱等作用，对祛粉刺、面疮等效果明显。

第三节　我国人工养蝎的现状和发展前景

一　我国人工养蝎的现状

我国人工养殖蝎子是进入 20 世纪 50 年代以后才开始起步的，回顾起人工养殖的历程，大致可分为三个时期，即萌芽期、发展期、成熟期。随着科学养殖技术的不断发展和普及，目前我国人工养殖蝎子技术逐渐成熟，养蝎事业稳步发展。

1. 养殖模式

目前人工养殖蝎子的模式按周期划分，可分为两种：一是夏买冬卖模式，二是自我繁育模式。

（1）夏买冬卖模式　该模式一般多见于我国的甘肃、陕西、山西、河北、辽宁、吉林、黑龙江、山东、安徽、河南等省的农村，蝎子收购商于每年的 6~9 月从农民手中将蝎子（多为野生蝎子）收购回来，死蝎子冷冻处理后保存，活蝎子再经过 1 个月左右的喂养之后，身体变得很肥很胖，一般能够增重 20% 左右，然后再出售，没有售完的活蝎子继续进行人工饲养，到了冬天蝎子的数量比夏天

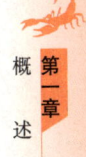

少了、价格比夏天贵了的时候再出售。

夏买冬卖模式的最大特点就是养殖周期短，蝎子增重快，蝎子不需交配产仔，不经过蜕皮环节，不需要长大只要求肥胖，其养殖技术含量要求不高，只要保持好育肥环境就可以了，这样只赚不赔，所以备受青睐。但近年来，人们在对蝎子资源的不断开发过程中发现，由于不注意保护生态环境，使得生态环境日趋恶化（尤其是农药化肥的大量使用、大量田地和荒山的开垦和采伐），加上人工大量的捕捉，致使野生蝎子资源急剧减少，甚至到了灭种的地步。国家有关部门正在采取措施，不远将来会制定出一套法规，把蝎子列入濒临灭绝的保护动物范畴，人工捕杀蝎子的历史将结束。野生蝎子市场将被查封，到时候夏买冬卖模式将不存在，这是社会发展的必然趋势，也是不可抗拒的历史潮流。如此将严重制约夏买冬卖模式的推广和发展。

（2）自我繁育模式 该模式是指依照蝎子的生理、生活习性来育种、繁育、生长的循环过程。从养殖方式上可以分为室内养蝎和室外养蝎两种形式。室内养蝎就是我们常说的温室养蝎，室外养蝎是指散养或者露天养蝎。

温室养蝎是指人为地给蝎子创造一个适宜其生长发育和繁殖的环境，让蝎子的交配、怀孕、产仔、生长、蜕皮，都在温室内进行，以此来达到收益的目的。露天散养是指在室外建造若干个养殖池来饲养蝎子。

自繁自养蝎子模式可因地制宜，规模可大可小，可高密度饲养，可立体养殖，操作简单、劳动量不大。自繁自养的蝎子，其质量和野生蝎子一样，蝎毒成分一样，其药用价值和使用价值也一样。但这种模式相对来说比较复杂，不是所有人都能够养殖成功的，因为它需要较好的饲养管理条件和技术，不像养鸡、养猪等那样养殖周期短暂，饲养技术好掌握，见效快，一养就能成功。但是，该种饲养模式也并不是很难，只要了解蝎子的自然习性，掌握好养蝎各个环节技术，按照蝎子的生长繁殖规律精心饲养，就能取得很好的效益。

2. 存在的问题

从市场对蝎子的需求来看，虽然商品全蝎市场广阔，需求量逐

年增加、市价看涨、销路顺畅,但对于养蝎户来说,由于饲养规模小、养殖量不大、市场信息闭塞、再加上销售渠道和运输条件的限制,往往造成养殖出来的蝎子销不出去,直接影响养蝎户的经济效益和养殖积极性。

近年来,虽然我国养蝎业稳步发展,在养殖研究领域涌现出了一些新技术和新成果(如脱皮素等),蝎子养殖取得了一些成功和经济效益,但作为特种养殖业,就总体水平来讲,基础研究仍然比较薄弱,有许多问题需要继续研究和证实,以便更好地指导人们科学养殖蝎子,避免风险,提高养殖效益。

二 我国人工养蝎的发展前景

随着人们对蝎子用途的不断开发,蝎子的社会需求量越来越大。据统计,现在我国每年要消耗几百吨的蝎子,蝎子的价格由20世纪80年代的每千克几十元涨到现在的几百元,现在蝎子的供应量不足需求量的30%。再加上野生蝎子资源的急剧减少,大规模人工养殖蝎子的进度缓慢,导致供需矛盾越来越突出,因而蝎子的市场收购价格连年翻番,成倍增长。据估算今后10~20年内蝎子的价格会只升不降,养殖蝎子的市场前景更为可观。

为弥补自然蝎源的不足,满足人们药用和食用的需求,发展人工养蝎业势在必行,迫在眉睫。先行者的实践经验已经证明,人工养殖蝎子投资比较少,只要掌握好养殖技术,给蝎子提供一个适宜的饲养环境,养殖效益还是比较可观的。人工养蝎一般在庭院内就可创造出饲养条件,易于管理,男女老少都可以干,而且经济效益也很高。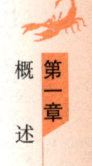

家庭人工养蝎子经济效益分析:采用人工新法养殖1只雌蝎1年产2~3胎,每胎30~60只。按雌雄蝎3:1比例,一般$5m^2$的温室,可投放种蝎1 000只(雌蝎750只,雄蝎250只),种蝎当年就可繁殖,最低年产仔数:750只雌×2只雄×50只=75 000只,按成活率80%计算,出生后仔蝎饲养7~9个月后即可得商品活蝎75 000只×80%÷1 000只/kg=60kg,按目前最低市场回收价格680元/kg计算,可收入40 800元。扣除各种费用:4 000元种苗+100元(大盆、镊子、温度计、刷子)+900元饲料+5 000元人工等=10 000元，获纯利30 800元。如果作为种蝎或提取蝎毒出售（500只活蝎提取1g蝎毒，1只健康蝎每年可提取12次），其收入就更加可观。

> 【提示】 蝎子养殖虽然前景广阔、效益可观，但由于其饲养条件和技术含量要求不同于一般普通畜禽养殖，因此若想发展养蝎，必须要认真考察，周全论证，掌握技术，慎重投资。

第二章
蝎子的生物学特性

第一节 蝎子的形态特征

一 蝎子的外部形态

东亚钳蝎（以下简称蝎子）的形体如虾，雌雄异体，成年蝎一般体长4~6cm（雌蝎长约5.2cm，雄蝎长约4.8cm），体宽0.7~1cm，体重1~1.3g，孕蝎可达2g以上。身体的背部和尾部第5节及毒针的末端为黑褐色，腹部为浅黄色。

动物学上把全蝎的身体分为三部分，即头胸部、前腹部和后腹部。头胸部和前腹部合在一起，称为躯干部，呈扁平长椭圆形；后腹部分节，呈尾状，又称为尾部，实际上它并不是尾巴，因为尾巴里面是没有消化道的。椭圆形躯干部加上细长分节的后腹部，使整个身体形似琵琶状，故有人称之为琵琶虫。蝎子全身表面有一层高度几丁质化的硬皮，两侧长有各种形状的附肢（图2-1）。

1. 头胸部

蝎子的头胸部较短，头与胸相连，背甲呈梯形分为7节，分节不明显，十分坚硬，前窄后宽，其上密布颗粒状突起，并有数条纵脊。近中央部位有1对中眼，位于眼丘上。有背甲的两个前角侧各有3个单眼，排成一斜列。头部具有附肢2对，1对称螯肢，亦称口钳，长在口器两旁，呈三角形，上有锯齿，形如利剪，取食用；另1对为强大的触肢，形如蟹螯，为摄取活物和感触之用。胸部有步足4对，生于两侧，内连发达的肌肉与神经，每足可分7节，末端具有

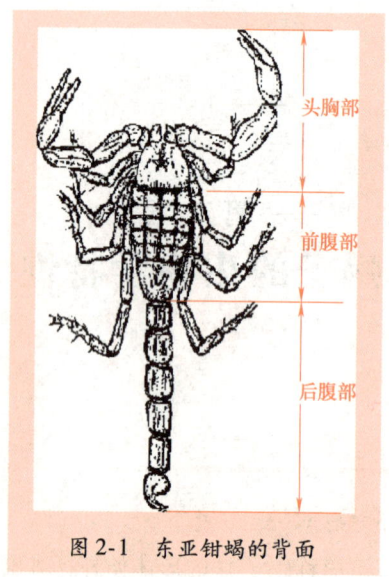

图2-1 东亚钳蝎的背面

2个钩爪，蝎子依靠钩爪附着在物体上。步足按前后次序一对比一对长，是蝎子的主要行动器官（图2-2）。

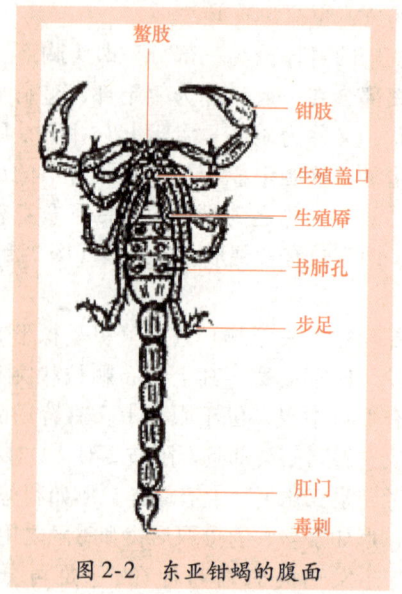

图2-2 东亚钳蝎的腹面

2. 前腹部

蝎子的前腹部又称中体，较宽，分节明显，由7个环节组成。背面呈青灰色或棕褐色，背面中部有3条纵脊，腹面土黄色，雌蝎前腹部较宽长（10mm×20mm），雄蝎前腹部较窄短（7mm×10mm）。腹面观，第1节胸板后面有两片半圆形的生殖厣（生殖盖口），打开后可见一个多褶襞的生殖孔。雌蝎可从此生殖孔娩出仔蝎，公蝎可从此生殖孔中伸出交配轴（精棒），与雌蝎生殖孔相交。雄蝎体内只有两根精棒，一生只能交配2次。雌蝎交配1次，就可连续生育4年，直到寿命结束。生殖孔至口器之间的垂直夹缝称为蝎蜕口，各龄蝎蜕皮（蜕变）时，从此处蜕变。第2节腹面有1对八字形栉板，是腹足的退化遗迹，具有丰富的末梢神经，能识别异性，并调节躯体平衡，系感觉器官，栉板上有齿，一般为19或21个。第3~7体节腹板较大，在其两侧有侧膜与背板相连，侧膜有伸缩性，因而腹部可舒张或缩小。第3~6节的腹面左右各有1对近似圆形的窗户状的书肺孔，乳白色，分别与相应的书肺相通，是体内与外界环境气体交换的管道，有呼吸作用。第7节呈梯形，前宽后窄，连接后腹部（图2-2）。

3. 后腹部

蝎子的后腹部细长，又称末体或尾部，由5个环节组成，各节背面有中沟，从背面至腹面还有多条齿脊。最后1个腹节即第5节，呈钩状，最长，深褐色，外被一层肌肉，呈袋状构造，浅黄色，其末端腹面正中央有一开口，为肛门，从肛门排出的白色液体即粪便。袋状的尾节内有1对白色毒腺，毒腺后方为毒针，近末端靠近上两侧各有1个针眼状开口，与毒腺管相通，能释放出毒液，可用来攻击敌害和捕食，它是蝎子自卫的武器（图2-3）。

二 蝎子的内部构造

蝎子的整个身体由14个环节组成，每个环节由背板和腹板构成，节间由节间膜连接，构成运动系统，能自由伸缩运动。体腔内有消化、排泄、呼吸、循环、神经、生殖系统和感觉器官，各系统相互协调，共同完成机体的特殊生理功能（图2-4）。

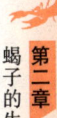

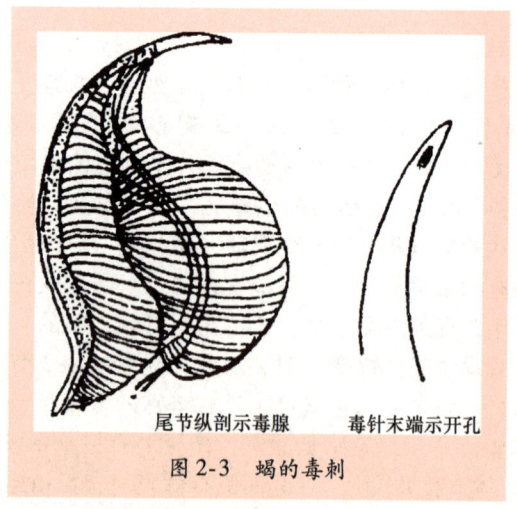

图 2-3 蝎的毒刺

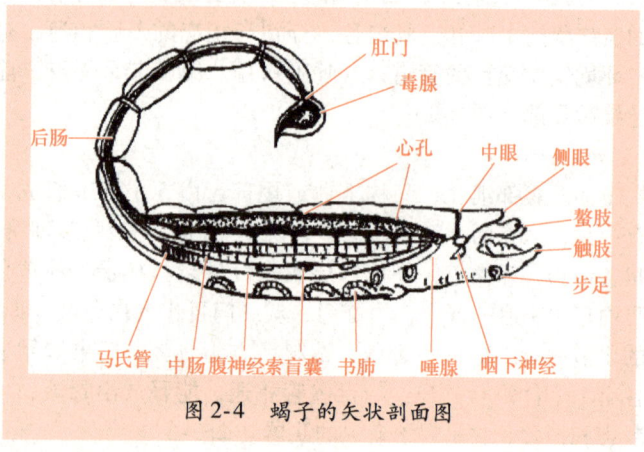

图 2-4 蝎子的矢状剖面图

1. 运动系统

蝎子的运动系统由外骨骼和肌肉组成。外骨骼即蝎子体壁由上皮细胞向外分泌形成坚实的表皮层，覆盖着整个身体，起着保护及支持作用。由于蝎子的身体是分节的，外骨骼也是按节形成的，在每个体节内，外骨节分割成独立的骨板（包括1个背板、2个侧板及1个腹板），以易于体内节内的运动。在每个节间由节间膜连接，关节膜外表皮层极薄,能自由伸缩和弯曲,不运动的时候折叠在前一体节内。蝎子体壁的表皮细胞向体内折叠,并向内分泌角质层移动而形成内突,即为肌肉的附着点。

2. 消化系统

蝎子的消化系统由消化道和消化腺组成。

蝎子的消化系统较为简单,由口、食道、唾液腺、盲囊、前肠、中肠、后肠和肛门组成。口在头后下方,唾液腺在食道下方,为一团葡萄状的腺体。蝎子在捕食时,先用尾刺将捕获物螫死,然后再用螯肢将其撕裂。蝎子在进食时,能分泌出大量的消化液,吐到食物上,对食物进行体外消化。食物被消化成糊状后,再由咽吸吮到中肠,中肠将养分吸收后,未消化之残物进入后肠,经肛门排出体外(图2-5)。

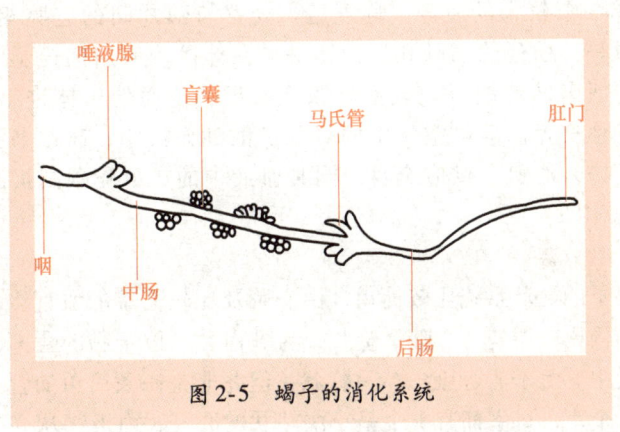

图2-5 蝎子的消化系统

打开蝎子的前腹部体壁,在中肠部位便可看到一串串黄褐色葡萄状的腺体,这就是可储存营养(液体食物)的盲囊。盲囊的大小与蝎子的不同体质和不同生理发育阶段相关,如蝎子体胖,营养储存得多,盲囊就大些;蝎子蜕皮前和冬眠苏醒后,由于营养物质转化或消耗了,此时的盲囊也因液体食物的减少而变得细小;雌蝎在怀孕初期,由于胚胎小,加上积蓄的大量液体食物尚未消耗,盲囊的体积较大,到了临产前,胚胎发育了,也消耗了盲囊中储存的液体食物,因而盲囊体积迅速变小。另外,由于盲囊具有储存液体食物的作用，因此蝎子有较强的耐饿能力。

蝎子的消化腺主要有唾液腺和肝脏。蝎子进食时，唾液腺分泌消化液先与被捕食物混合，对食物进行体外消化，经过消化酶的作用将固体食物初步消化成浆状后才被吸吮入消化道。蝎子的肝脏位于中肠的内侧，并有细管与中肠相通，肝脏分泌的消化液通过细管流入中肠，与中肠壁内小腺体产生的消化酶对浆状食物进行消化，然后吸收营养物质。

3. 呼吸系统

蝎子的呼吸系统主要由书肺、气室及书肺孔组成。书肺位于前腹部第3～6节之间的书肺孔下面，每节1对，共4对。书肺是腹部体壁内陷而成的囊状构造，内有很薄的书页状的突起，片内布满血管，血液流通量很大，是蝎子交换气体的地方。囊腔的后壁则形成一个较大的腔隙，称气室。气室与薄片间的空腔相连通，并通过呈一横列的书肺孔通向体外。在体腔内有肌肉连于气室的背壁，肌肉的伸缩可使气室舒张或收缩，从而使气体进出气室，进行气体交换。新鲜空气中的氧气扩散到血液中，通过书肺中的微血管进入心脏，供应全身，同时血液中的二氧化碳则扩散到气室排出体外。

4. 循环系统

蝎子的循环系统比较简单，由心脏及比较简单的血管、血腔组成，结构比较清楚。心脏呈管状，为乳白色，位于肠的背面，包在围心膜中。蝎子的心脏虽然呈管状，但并非是一条简单的管子，共分为8个室，每室都有1个呈小漏斗状的心孔，血液都从心孔进出心脏，心脏向前和向后各发出1根大动脉，其分支通入血腔、血管，经血窦到书肺，再由书肺静脉到围心腔，最后经心孔回心脏。由于心脏的不断跳动和肌肉收缩，使血液循环不止。

蝎子的血液含有能变形的血细胞及存在于血浆中的血清素和抗体，血清素与氧的运输有关。因为蝎子的血液没有血红蛋白，所以蝎体呈浅黄色或淡绿色。

5. 生殖系统

蝎子为雌雄异体，其生殖系统的四周皆被消化系统中的盲囊所包围，解剖观察时需要小心剔除包围才能显露。

（1）雌性生殖系统 雌性生殖系统包括卵巢、输卵管、受精囊（或称纳精囊）、生殖腔和雌性孔。雌性孔为外生殖器，其余为内生殖器（图2-6）。卵巢位于消化管的腹面，呈网状，由3根纵管和5根横管交互连通而成，其周围有许多圆形的卵粒附着。卵巢两侧由短的输卵管通入膨大的受精囊，汇合到一个宽大的生殖腔中，经雌性孔（生殖孔）通到体外。生殖腔靠近生殖孔，与子宫的作用不同，只用于交配。生殖腔与两侧膨大的精囊相通，便于向精囊转移精子并长期储存。外生殖器的雌性孔，即为一圆形小孔，与生殖腔相通，是交配的器官。

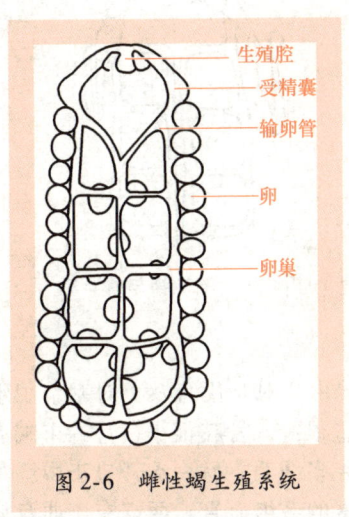

图2-6 雌性蝎生殖系统

（2）雄性生殖系统 雄性生殖系统也由内外两部分构成，与其他动物不同的是，雌性蝎与雄性蝎生殖系统的解剖学差别并不太大。雄性生殖系统由精巢、输精管、雄性孔、生殖腔、贮精囊、圆柱腺和精荚腺等组成（图2-7）。雄性蝎的精巢位于消化管的腹面，左右各1个，未愈合、分节明显，呈梯形。精巢各连一条细长的输精管，管的末端通入膨大的贮精囊，交配轴与贮精囊相连，交配轴有一叉枝，由叉枝颈部折回部分与输精管呈并列折叠形式，也储存于盲囊间。雌性蝎子交配时，交配轴展开伸直，从生殖孔伸出，在交配轴全部裸露于体外后,贮精囊的精液排入交配轴,排精后交配轴自叉枝颈部断裂,遗落在地面。此外,与生殖腔相通的还有一个小的附属腺,一个呈圆柱状的圆柱腺和一个长的精荚腺,这3个腺体统称为附属腺,能分泌黏液,黏液与精子一起构成精液团,蓝色,呈球状,故称精球。另外,黏液将交配轴包起来,形成一个略成棒状、长约1cm的精荚,交配时就靠精荚传送精液。

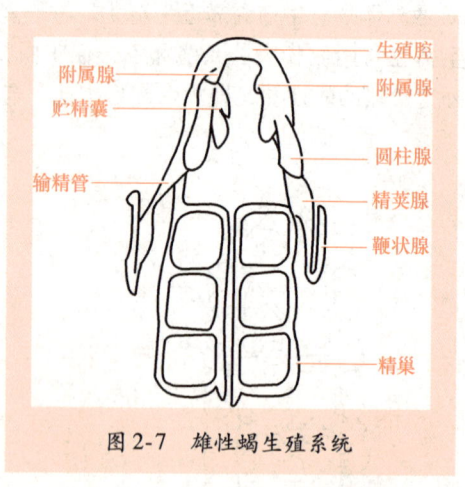

图2-7 雄性蝎生殖系统

6. 排泄系统

蝎子的排泄系统由2对马氏管及1对基节腺组成。马氏管呈细长的管状结构,管壁很薄,管腔很小,管的末端有小分枝,呈游离的盲管,管内外有许多纤毛。另一端开口于中肠与后肠连接处,呈囊状体,囊内有丰富的毛细血管,两端有弯曲盘旋的细管相连。整个马氏管游离在血窦之中,能从血液中吸收机体在新陈代谢过程中形成的尿酸和其他多种废弃物,借纤毛的摆动将其变成尿液送入后肠,混入粪便一同排出体外。

7. 神经系统

蝎子为低等动物,其神经系统较为简单,主要由神经中枢与周围神经组成,神经中枢分解明显,它有脑神经节、咽下神经节和腹神经索组成,属于链状或索式神经系统(图2-8)。

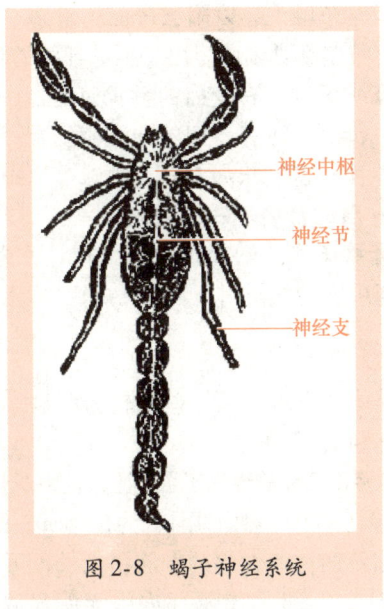

图 2-8 蝎子神经系统

蝎子脑神经节又称咽上神经节，不发达，呈双叶形，位于食道的背面，分支到触肢和步足。咽下神经节位于食道的下方，分支到脚须和足，由脑神经节分出 1 对神经纤维，绕过食道形成围咽神经，并和咽下神经和腹神经索相连。腹神经索呈索状，是由咽下神经节向后伸出的纵神经链组成，具有 7 个腹神经节，每个神经节再分出横向神经伸向体壁及内脏器官。另外，从脑神经节还分支出许多支神经，分别分布于眼、附肢、生殖厣、栉板等处。

8. 感觉器官

蝎子的感觉器官主要有眼、栉状器以及触毛。蝎子有 1 对中央眼和 3 对侧眼，其中中眼比侧眼发达，但它们都是单眼。每个单眼有角质警惕器、表皮层、钢状细胞和网状细胞构成。单眼的视力较差，但有敏感的感光能力，对强烈的刺激性太大的强光避而远之，而对弱光却往往又有趋向的行为。

蝎子腹部的栉状器中布满了神经末梢和感觉细胞，是特殊的感觉器官，具有触觉、维持身体平衡和感知异性的功能，在母蝎交配时栉状器在传递精荚时起着决定性的作用。

蝎子全身表面遍布触毛，以附肢表面为最多，其触毛基部膨大形成球状，里面有很多感觉细胞。由于感觉细胞的分布和种类不同，触毛的感觉功能有所区别，有专门的触觉感受器——触毛，有专门的听觉感受器——听毛，还有专门的味觉感受器——味毛。蝎子能嗅出外界环境中各种有害气味如农药、酒味等。蝎子交配时，雄蝎能够嗅到木屑散发出的清香味——性诱集素，而前往与母蝎交配。此外，蝎子的外骨骼还能感知和传递压力信息，为蝎子选择蝎窝、向前或向下爬走起决定性的作用。

三 雌雄蝎子的鉴别

蝎子属雌雄异体，成蝎的两性差别较为明显，主要表现在以下几个方面（图2-9和图2-10）：

（1）体长、体宽不同 雌性蝎子个体比雄性蝎子长。雄性蝎体长为4~4.5cm，体宽为0.7~1cm；雌性蝎体长为5~6cm，体宽为1~1.5cm。

（2）角须的钳不同 雌性蝎的触肢钳细长，可动指的长度与掌节宽度之比为2.5∶1.0,可动指基部内缘无明显隆起；雄性蝎的触

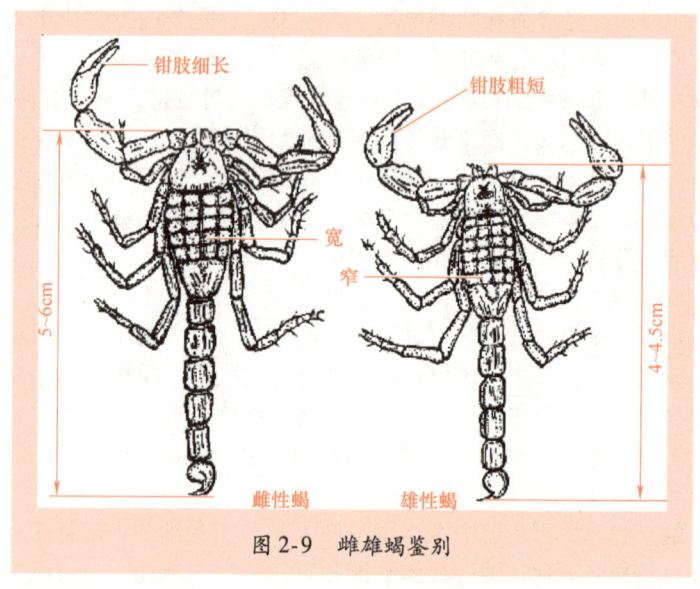

图2-9　雌雄蝎鉴别

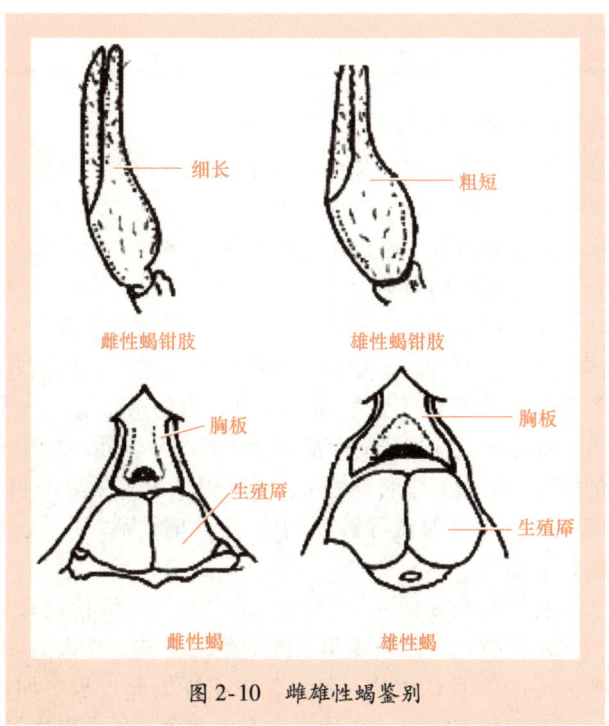

图 2-10 雌雄性蝎鉴别

肢钳粗而短，可动指的长度与掌节宽度之比为 2.1:1.0，可动指基部内缘明显隆起。

（3）**躯干宽度和后腹部宽度的比例不同**　雌性蝎躯干宽度超过尾宽的 2~2.5 倍，而雄性蝎不到 2 倍。

（4）**胸板下边的宽度不同**　雌性蝎的胸板下边较宽，而雄性蝎的胸板下边较窄。

（5）**生殖厣软硬不一样**　雌性蝎的生殖厣较软，而雄性蝎的则较硬。

（6）**生殖厣下有无蛋形瓣片**　雌性蝎的生殖厣下有一较大的蛋形瓣片，而雄性蝎的生殖厣下则没有蛋形瓣片。

（7）**栉板齿数不同**　雌性蝎的栉状板齿数一般为 19 个，雄性蝎的栉状板齿数为 21 个。

第二节 蝎子的生活习性

一 蝎子的生活史

一般地讲，蝎子具有较强的适应生活环境的能力，其生命力非常顽强。据报道，野生蝎若在适宜的温度、湿度等环境条件下，即使缺食1年仍不至饿死。常温下，蝎子从仔蝎到成蝎需要3年左右的时间，蝎子的繁殖期为4～5年，每年产1胎，寿命高达7～8年，产仔期约5年。在自然条件下人工养殖的蝎子与野生蝎子的生活史基本相同，且由于家养蝎子受到人为的保护和管理，因而其一般生长发育和繁殖能力都优于野生蝎。由于人为创造恒温（26～38℃）条件，可以部分地改变蝎子的生活习性，且一年四季均能生长发育，各龄期的蜕皮间隔时间也明显缩短，从仔蝎到成蝎只需8～10个月，交配过的雌蝎3～4个月便可繁殖1次，全年能繁殖2～3次，养蝎的效益可明显增加。

蝎子具有变温动物的共同特性，即在1年的生长发育周期中，随着季节气候的变化，而表现出不同的生活方式。在人工养殖蝎子时必须要充分了解和认识这一特点，在实际饲养过程中加以掌握，以便达到事半功倍的效果。在我国北方大部分地区，野生蝎子一年中可分为生长期、填充期、休眠期和复苏期4个阶段。

1. 生长期

一般从"清明"到"白露"（大约150～160天），是蝎子全年中营养生长和繁殖生长的最佳阶段，故称为生长期。每年在清明节前后，气温逐渐回升，气候逐渐转暖，昆虫开始复苏出蛰，野生蝎的天然适口食物逐渐增多，蝎子的消化能力也随着气温的升高而不断增强，其活动范围和活动量也日渐加大。在此期间，以"夏至"至"处暑"这段时间活动最为活跃，取食量最大，新陈代谢最为旺盛，是营养生长和繁殖生长的高峰时期。蝎子的交配和产仔也大都是在此期间进行的。在人工养殖条件下，如果给以适宜的条件则可延长其生长期。

2. 填充期

从"秋分"至"霜降"（大约45～50天），这期间蝎子将积极积累和储存营养，为进入冬眠入蛰前进行生理准备，故称为填充期。自"秋分"以后，气温开始逐渐下降，在此期间野生蝎为了越冬，食量大增，尽量觅食，补充营养，并将所摄取的营养转化为脂肪储积起来，以便供给冬季休眠期和来年复苏期内所需的营养消耗。

3. 休眠期

从"立冬"至"雨水"（大约120～130天），在此期间内蝎子的生长发育完全停止，新陈代谢降到最低水平，处于休眠蜷伏、完全不吃不喝的状态，以安全度过不良环境条件，故称为休眠期或蛰伏期。秋末冬初，气温逐渐下降，天气转冷，蝎子即停止采食等活动，大多数集体转移潜伏于距地表30～80cm深的窝穴内，缩拢起触肢与步足，尾部上卷，蛰伏越冬。

4. 复苏期

从"惊蛰"至"清明"（大约30～50天），此时严冬已过，暖春将临，处于休眠状态的蝎子开始苏醒出蛰，故称为复苏期。

"惊蛰"以后，气温开始上升，蝎子便由静止状态逐渐转入活动状态，此过程即为复苏。但由于早春气温偏低且昼夜温差较大，这时蝎子的消化能力和代谢水平还较低，其活动时间和范围也都不大，除白天晒暖时间逐渐有所增长外，夜间很少出窝活动。此时蝎子只能凭借躯体所具有的吸湿功能自环境中吸收少量的水分，利用填充期所储积的营养物质和食入少量的风化土来维持生命。

二 蝎子的习性

1. 栖息环境

野生蝎子喜欢生活于片状岩杂以泥土的山坡、不干不湿、植被稀疏、有些草和灌木的地方。在树木成林、杂草丛生、过于潮湿、无石土山或无土石山以及蚂蚁多的地方，蝎少或无。它们居住在天然的缝隙或洞穴内，但也能用前3对步足挖洞。蝎子喜温暖，怕严寒，生长繁殖最佳温度为25～35℃，活动场所相对湿度为60%～80%。栖息窝的湿度为15%～20%，冬眠期间为10%～15%。当气温降到10℃左右时，便潜伏于土中冬眠，在窝中不食不动；当气温上升到10℃以上时，又开始苏醒活动。蝎子生长最适宜的温度为25～39℃，在此温度下，蝎子最为活跃，生长发育加快，产仔、交配也大都在此温度范围内进行。若温度超过39℃，机体水分蒸发量加大，又得不到补充时，蝎子就会躁动不安，发生异常行动，如互相残食、咬杀，或因极度缺水而死亡；有时表现抑制型，类似冬眠现象，称"夏眠"。温度超过41℃，蝎子极易出现脱水而死亡。温度超过43℃时，蝎体很快产生烘干性失水，肢体瘫痪，从而迅速死亡。蝎子的生活习性与温度的关系见表2-1。

表2-1 蝎子活动、生长发育、蜕皮时间与温度关系

温 度	孕蝎产仔时间	吃食时间	蜕皮所需时间	每日活动时间
35～38℃	1min产仔2个，不间隔	2～3天	60min	4.5～5h
30～35℃	1min产仔2个，间隔10min	3～4天	70～90min	4h
28～30℃	2min产仔	4～5天	130～180min	3.5h
24～28℃	3min产仔1个，但难产，一般仔蝎死亡60%，孕蝎死亡30%	7～10天	180～350min	3h
20～24℃	不产仔，孕蝎死亡很多	10～15天	蜕不下皮面而死亡，占40%左右	2h
10～20℃	无产仔现象	20～30天	无蜕皮现象	不太活动
10℃以下	无产仔	不吃食	不蜕皮	不活动

蝎子有迁徙习性，如栖息环境不适宜，便会迁徙逃跑。野生蝎子如果遇上久旱无雨、湿度太低的情况，这时就会钻入地下约1m深的湿润缝隙处躲藏；若遇阴雨天气、地上有积水、窝内湿度超过80%的情况，这时蝎子又会离开窝穴，爬到无水的高处避水。因此，人工饲养蝎子时要十分注意饲料的水分、饲养场地和窝穴的湿度。一般来说，蝎子的活动场所湿度宜大一些，而他们栖息的窝穴则要求稍干燥些，这样有利于蝎子的生长发育和繁殖。但湿度也不宜太低，如果蝎子的活动场所和窝穴过于干燥，而且投喂的饲料中水分又不足时，也会影响和阻碍蝎子的正常生长发育，甚至诱发互相残杀的现象。空气相对湿度以65%～75%为

宜，窝穴的湿度以15%~18%为宜。

在人工饲养条件下，由于环境条件的改变，蝎子的生活也出现许多新的现象和特点。其一，由于饲养密度大或饲料缺乏等原因，蝎子常会发生争窝、争食而互相残杀的现象。其二，雌性蝎子在产前产后尤怕惊吓。若在产前受惊吓，便会造成挤压、跃摔，从而引起"流产"；若产后受到惊吓，伏在雌蝎身上的仔蝎便会从母蝎背上摔下，往往会被雌蝎踩死、撞死或吃掉。其三，蝎子的外逃能力很强，如果养蝎设备不严密，蝎子会利用一切可以利用的条件，想方设法逃脱，而且蝎龄越小，逃脱能力越强。

2. 活动规律

蝎子胆小易受惊，稍有异常的响动，就会马上躲避，静止不动；蝎子喜欢群居，野生蝎常在固定的窝穴内结伴定居，每窝的数量视其窝穴的大小而定，少则2~3只，多则5~7只或更多。每个窝穴内有雌有雄，有大有小，和睦相处，很少发生互相残杀的现象。

蝎子是冷血动物，有冬眠的习性，一般每年11月上旬，在立冬前当气温下降到10℃左右，便开始慢慢入蛰冬眠，在窝内不食不动。在4月份中下旬，即惊蛰以后，当气温上升到10℃以上时，又开始苏醒活动，全年活动期约6个多月。尽管冬眠期间蝎体各种代谢十分微弱，但毕竟没有停止，体内仍需消耗营养物质，整个冬眠期所需营养物质并非很少。因此，只有靠冬眠开始前大量摄食，以脂肪、蛋白质的物质形式储存在体内，方能适应冬眠期营养的供给。所以，在冬眠开始前1个月，就要增加营养，保证蝎子能储备足量的营养物质，以供冬眠时需要。

蝎子具有识别窝穴和认群能力。喜欢昼伏夜出，白天常躲在窝中休息，寻食、饮水及交尾活动多在夜间进行。一天当中，蝎子多在晚上8点至12点出来活动，到清晨2~3点便回窝栖息。蝎子这种活动规律视气候条件而异，一般必须是温暖无风、地面干燥的夜晚，在有风的时候则很少出来活动。一年中，5~6月份和8~9月份蝎子多于晚上7点出来活动，9~10点回窝，每天活动在2.5h左右；7月份，晚上8点出来活动，12点回窝，活动时间长达3~4h；11~12月份出窝和回窝时间都提前，其中11月份提前到晚上5点左右，一天活动时间约2h。

3. 食性

蝎子是一种捕食性食肉动物。自然野生状态下，喜欢吃体软多汁的小昆虫，如黄粉虫、地鳖虫、蚯蚓、蟋蟀、蚂蚱、蜘蛛等，此外，偶尔也吃食风化土和幼嫩多汁的植物和水果。通过人工喂养试验发现，蝎子爱吃米蛾幼虫、玉米螟幼虫、土鳖虫幼虫和黄粉虫幼虫。此外，小蝎子爱吃的还有洋虫幼虫、印度谷螟幼虫和螳螂的幼虫。至于蝇蛆、家蚕、鼠妇等，仅在没有其他事物时才勉强取食（图2-11）。

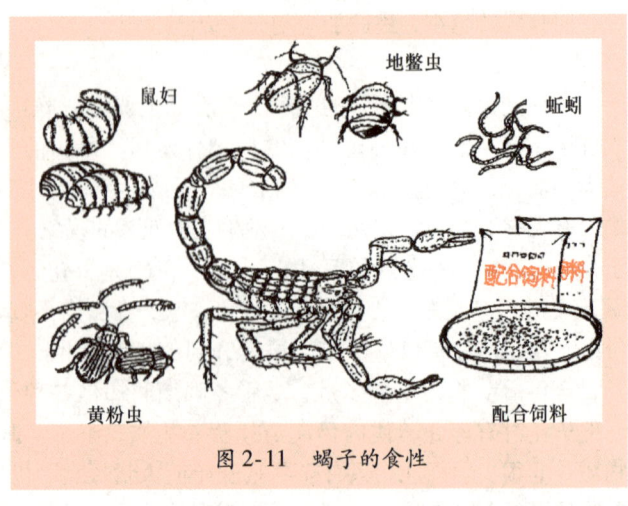

图2-11 蝎子的食性

人工养蝎时多用配合饲料，但也可喂些新鲜的肉类，如猪肉、牛肉、鱼肉等。但要生喂，因蝎子不吃熟肉。蝎子因体内有肠盲囊储存食物，所以耐饥能力很强，一般每5~7天捕食1次，每次捕食量很大，饥饿时1次能吃掉与自己体重相等的食物，故不必天天喂食。虽然蝎子耐饥力较强，但在长时间内若得不到食物时就会互相残食，一般是强吃弱，大吃小，母蝎杀死公蝎。

蝎子捕食时，先张开螯状钳，向猎物步步逼近，然后突然将猎物钳住。蝎子的口小，口中又没有牙齿，因此取食时先从口中吐出含有消化酶的唾液注入猎物中，使猎物的肌肉内脏消化溶解成液体状，然后一口一口地吸吮，将汁液吸尽。与此同时，还可以用螯肢上的齿研磨食物，把猎物研成细块吞入口中（图2-12）。由于消化液的消化和研磨同时起作用，使蝎子又能吸吮又能吞食，差不多把猎物吃得精光，有时仅留下少量坚硬的细小残渣。

图2-12 蝎子捕食苍蝇

【提示】 掌握蝎子的食性，有针对性地进行饲喂，有利于提高人工养殖蝎子的经济效益。

4. 趋性

蝎子怕强光，大多栖息在山坡石砾、树皮、落叶下，以及墙隙、土穴中和荒地的潮湿阴暗处，昼伏夜出（图2-13）。但蝎子也需要一定的光照度，对弱光有趋性，能接受弱的光线，吸收太阳热量，促进新陈代谢，提高消化能力，加快生长发育，以及有利于胚胎在蝎体内孵化的进程，缩短怀胎时间。据报道，蝎子对弱光有正趋势，对强光有负趋势，夜间把马灯放在饲养池内，蝎子有慢慢靠拢过来的现象，若用手电筒突然照射，它们会很快逃走，蝎子最喜欢在较弱的绿色光下活动。蝎子视觉迟钝，基本上没有搜寻跟踪、追捕以及远距离发现目标的能力。蝎子行走时尾部平展，仅尾节向上卷起。静止不动时，整个尾部卷起，尾节折叠于中体第5节的背上，毒针尖端指向前方。有时尾部卷起，在身体一侧放在地上，当受到惊吓时，尾部使劲向后弹，称刺物的姿势。所以，养蝎房光线要暗，安装的电灯泡瓦数不宜太大。

蝎子胆小怕惊，怕光，喜群居，昼伏夜出

图 2-13 蝎子的活动规律

另外，蝎子的嗅觉十分敏感，对怪味有负趋性，当遇到各种强烈的气味，如油漆、汽油、煤油、沥青，以及各种化学品、化肥、农药、生石灰等有强烈的回避现象。蝎子对各种强烈的震动和声音也十分敏感，有时甚至会把它们吓跑，终止吃食、交尾繁殖、产仔，带仔母蝎可引起吃仔、弃仔现象发生。在饲养和运输时一定要注意这些。而采收蝎子时，用酒精和烟喷也正是利用了这一特点。

5. 繁殖习性

蝎子为雌雄异体动物，雌雄蝎子经过交配产生受精卵，受精卵在雌蝎体内（前腹部）完成整个胚胎发育过程，最后孵化成仔蝎产出体外。在整个胚胎发育过程中，仔蝎需要的营养物质全靠本身的卵黄供给，不靠母蝎，故称卵胎生。在自然温度条件下，仔蝎 3 年才能长为成蝎，但人工加温饲养时，仔蝎 1 年则可成熟，随时都可以交配、繁殖。性成熟的雌蝎，1 年有 2 次发情期。一次是在每年的春季 5~6 月，叫"产前发情"；一次是在雌蝎产仔后，仔蝎脱离雌蝎背不久，约在 8 月前后发情，叫"产后发情"。雌蝎发情后，特别是初产雌蝎第 1 次发情时，必须立即捉放雄蝎进行交配。在一窝蝎中，雌、雄蝎个体的比例一般为 3∶1，即"一公三母"。

雌蝎接受精子后，其精子可以长期在母体受精囊内储存，交配一次可连续产仔3～5年。雌蝎从交配到产仔，自然温度条件下需10个月，如加温饲养，就可缩短到5个月，每胎可产仔20～40只，平均30只，雌蝎的寿命可达8年。交配后的雄蝎，由于体力和个体的原因，大约有1%会自然死去，这是生物界强者生存，弱者淘汰的自然现象。无论是人工养殖蝎还是野生蝎均是如此。

6. 生长发育特性

蝎子为卵胎生动物，从仔蝎产出到长成成蝎，不经过变态过程，但要经过6次蜕皮过程，野生蝎子需要3年，人工养殖的蝎子需要1年以上才能长成成蝎。刚孵化出来的仔蝎没有独立生活的能力，既无力寻找适宜的生存环境，也不具备对敌害的防御能力，所以仔蝎必须由雌蝎背负着（图2-14），经过一段时间后才能离开雌蝎自由生活。仔蝎在母背阶段，不吃、不喝、也不活动，主要靠腹内残存的卵黄为营养，来维持生活。仔蝎到第五天开始在母背上蜕皮，一般产后7～10天仔蝎就逐渐离开母背而独立生活。

图2-14 雌蝎背负幼蝎

> 【提示】此期间要注意，保持周围环境安静，不要让雄蝎进入，以防吃掉幼蝎。

蝎子从出生到成熟需要蜕皮6次，每蜕皮1次增加1龄，每次可增长5~7mm。从仔蝎到成蝎的6次蜕皮过程中，也是它6次不断增长的过程。蝎子从第1次蜕皮到第6次蜕皮体长的增长是呈跳跃式演变的。初生仔蝎称1龄蝎，体长约1cm，体呈乳白色，形如大米粒，身体肥胖，活动微弱，并有规律地排列在雌蝎的背上，四周的小幼蝎头部大都向外，都不在雌蝎的头胸部和触肢上，以免影响雌蝎接受外来信息。仔蝎出生后4~6天开始第1次蜕皮（在母背上），蜕皮大约需要1~3h，其时间长短取决于外界环境温度的高低。第1次蜕皮后称2龄蝎，体呈棕黄色，体长约1.5cm左右。1个月后进行第2次蜕皮，为3龄蝎，体长为2.0~2.3cm，不久进入冬眠。次年6月进行第3次蜕皮，为4龄蝎，体长为2.8~3.0cm。8月份进行第4次蜕皮，为5龄蝎，体长为3.4~4.0cm。第3年5、6月份进行第5次蜕皮，为6龄蝎，体长为4.5cm以上。8、9月份进行最后一次蜕皮，为成蝎，体长约5cm，此时从外形上已可分辨出雌雄蝎了。

从2龄蝎以后每一次蜕皮前，蝎子都要先寻找一个温湿度适宜的地方。一般蝎子在蜕皮前1周，便进入半休眠状态，不食少动，皮肤粗糙，体节明显，腹部肥大，旧的表皮与新生的真皮开始分离。仔蝎蜕皮时一般用前足爪抓牢砖泥，作为固着点，附肢向内弯曲，停止活动。数分钟过后，借着后腹部的蠕动，旧的表皮便从头胸部的螯肢与背板之间的水平方向开裂，头部先从背缝线中蜕出，随后附肢和前腹部也陆续蜕出。蝎子蜕皮的时间较长，一般需3h左右。蝎子蜕完皮后，在原处休息，不动不食，体内各组织和器官在迅速扩增。

第三节 环境因素对蝎子的影响

蝎子是野生动物，其生长发育和繁殖受到外界许多环境因素的影响，尤其是人工养殖蝎子改变了其生态环境及生活习性，不利于蝎子的生长发育和繁殖。因此，必须了解各种环境因素对蝎子的影响，搞好各环境因素的协调和控制，创造出一个更适合蝎子生长发育和繁殖的生态环境，提高人工养殖蝎子经济效益。影响蝎子生长发育和繁殖的因素很多，归纳起来主要有以下几点。

一 温度

蝎子为冷血动物,机体没有调节体温的机能,体温只能随着周围环境温度的变化而变化,因此蝎子的交配、产仔、生长发育和繁殖以及休眠越冬等活动,均需在适宜的温度下才能进行。

当温度在-5~40℃时蝎子均能生存,低于-5℃蝎子将会被冻僵、冻死,高于40℃时蝎子会体懈死亡。温度在-5~10℃时,蝎子会失去活动能力,不食、不动,开始入蛰休眠。温度在10~12℃时,休眠的蝎子开始苏醒出蛰。温度在12~20℃之间时,蝎子的活动减少,同时生长发育受到抑制,往往因消化不良而产生腹胀,并且使母蝎体内卵化期延长和停止交配,孕蝎会由于腹胀使体内卵化失败从而造成终身不孕或死亡。

温度20~39℃是蝎子生长发育温度,但如果在20~25℃之间,则初生蝎的吸收蜕变期相应延长,雌蝎的产后息养期也相应延长,甚至有时会因气温长期偏低造成母仔双亡。其中当温度在28~39℃时,蝎子的活动最剧烈,且充满活力,生长发育加快,产仔、交配大都在这个温度范围内进行。温度在32~38℃时,初生仔蝎的吸收蜕变期和母蝎的产后息养期最短。气温在40~42℃时,蝎体内水分的蒸发量加大,在得不到及时补充时,极易引起脱水死亡现象。当温度超过43℃时,蝎体会很快产生烘干性失水,表现为肢体瘫痪,不久便死亡。

从刚出生的仔蝎到成蝎、孕蝎的各个发育阶段,对温度的要求是不一样的。刚出生的幼蝎,若气温在30℃以上,10~30min便脱壳而出,爬上雌蝎的背上,经5~7天第1次蜕皮后便可离开母体自由寻食。若气温低于25℃,幼蝎则难以脱壳而夭折,或者活力不够,爬不上母背而死亡。当温度下降至15~20℃时,第1次蜕皮的幼蝎食欲及活动明显下降,第2次蜕皮就难以进行,生长会停滞。以后的几次蜕皮同样要求温度在30℃左右最为理想。

蝎子繁殖也要求一定的适温范围,但该范围较生长发育的适温范围窄,一般接近于蝎子生长发育的最适温度范围,在此范围内蝎子的繁殖力随温度的升高而增强。30~41℃对雌蝎孕卵及胚胎发育最适合,27~38℃对产仔最适合,20~24℃即不产仔;25~

36℃对雄蝎发育最适合。成蝎在较低的温度下虽能生存，寿命也较长，但其性腺不能发育成熟，不能交配产卵，或产卵极少而多为不孕卵；当气温低于25℃时，胚胎发育延缓，临产母蝎常常发生流产，若昼夜温差超过10℃时流产现象更严重。在过高温度下，成蝎寿命短，特别是雄蝎精子不易发育形成，或失去活力，也影响交配行为，而引起雌蝎产下的卵多为未受精卵。雌雄蝎交配的最适温度范围为30~35℃，太高或太低对蝎子交配都会有影响。

二 湿度

影响蝎子生长发育和繁殖的湿度包括两个方面：一是空气中的相对湿度；二是蝎窝和蝎池沙土的湿度。

1. 空气中的相对湿度

空气中的相对湿度是指空间环境中大气的水含量程度。空气中的相对湿度偏高或偏低对蝎子的生长发育和繁殖有着重要的影响。空气相对湿度偏低，蝎子龄期蜕皮困难，甚至蜕不下皮而导致死亡。空气相对湿度偏高，会孳生有害细菌和真菌等病原微生物，诱发细菌性蝎病和真菌性蝎病，从而影响蝎子的正常生长发育。空气相对湿度以65%~75%为宜。

2. 蝎窝和蝎池沙土湿度

蝎窝和蝎池沙土的湿度是指蝎窝和蝎池中的瓦片、土壤、沙土等的含水率，可用以下方法测算：从蝎窝或蝎池中取样品若干，称重后放入烘箱中烘干，再称重，然后按照下面公式计算，即可算出蝎窝或蝎池的土壤湿度。

$$土壤湿度 = \frac{湿土重量 - 干土重量}{湿土重量} \times 100\%$$

蝎子在不同的生长发育阶段，对蝎窝土质含水量和蝎池内泥沙的湿度的反应和影响存在很大的差异（表2-2和表2-3）。在人工养殖蝎子过程中，对沙土湿度的原则是：窝内要干燥些，活动场地要湿润些。因为蝎子在潮湿的环境中会爬向干燥的地方，当蝎窝长期干燥时，蝎子会聚集到较湿的地方，蝎子能随着自身对水分的需求而选择沙土的干湿程度。

表2-2 蝎子在不同发育阶段对蝎窝土质含水率的反应

发育阶段	最佳土壤含水率（%）	对过高含水率的反应	对过低含水率的反应
孕蝎	5~10	高于18%，则受精卵停止发育，组织积水	低于3%，20天后受精卵或胚胎死亡
母蝎	6~12	高于20%，有水肿病发生	低于4%，卵子发育缓慢
2~4蝎龄	7~15	高于25%，水肿死亡率高	低于6%，生长发育缓慢
5~6蝎龄	7~15	高于25%，死亡率高	低于5%，生长发育缓慢
母仔蝎	10~17	高于25%，成活率高	低于5%，大吃小严重
蜕皮期或半蜕皮期仔蝎	8~15	高于25%，死亡率高	低于6%，蜕皮时间延长
冬眠期间	5~10	高于20%，死亡率高	—

表2-3 蝎池泥沙湿度对蝎子生长发育的影响

泥沙湿度（%）	泥沙的形状	与蝎子生长发育的关系
1~3	较干燥	生长发育停止
4~9	较湿润	生长发育缓慢
10~20	湿润，手捏成团，松手即散	生长发育良好
21以上	搅拌成泥团	很快死亡

一般蝎子活动场地的相对湿度以70%左右为宜。如果活动场所和窝穴湿度过大，容易导致病原微生物的侵害，引起发病，同时还会造成蜕皮障碍；反之，如果活动场所和窝穴过于干燥，饲料水分又不足时，蝎子的正常发育就会受到影响，还有可能产生生理性病变，甚至诱发个体间的相互残杀。在休眠期内，窝穴的相对湿度也应稍低些，一般以10%~15%为宜；空气相对湿度也不宜过高，以避免过于潮湿而引起病害。

在进行人工无休眠期养殖时，尤其应注意蝎窝内温度与湿度的调节和控制。实践证明，在无休眠期饲养管理过程中，极易造成温度与湿度二者间的不协调。因此，要特别注意防止因高温产生的高湿和干燥现象，以保证蝎子的正常生长和健康发育。

三 水分

蝎子的生长发育离不开水分，缺乏水分，将影响蝎体正常生理活动的顺利进行。据测定，蝎子躯体的含水量约占其体重的55%。

当水分缺乏时，蝎子机体的新陈代谢将不能正常进行。因此，蝎子必须不断地从外界获取相应的水分，以维持体液平衡，使机体活动顺利完成。蝎子在不同生长发育阶段所需要的水分不同。例如蝎子冬眠时，需要的水分很少；而生长发育阶段，机体因代谢旺盛需要消耗掉大量水分，所以对水分的需求量就大些。尤其是在人工养蝎条件下，由于环境湿度变化大，所以要供给蝎子足够的饮水。

蝎子对水分的获取主要有3个途径：第一，通过进食获取大量的水分，因为蝎子吃的昆虫等食物，其水分含量高达60%~80%；第二，利用体表、书肺孔从潮湿大气和湿润土壤中吸收水分；第三，在非常干燥的情况下，蝎子也直接吮取水分（图2-15）。其中第一和第二种途径是蝎体水分的主要来源。一般情况下，当环境湿度正

图2-15　仔蝎吸取地上的水分

常，食物供应充足时，蝎子一般不需要饮水。但是在获取水分的同时蝎体的水分也不停地消耗着，其消耗方式有3个：一是体表散发的水分；二是通过粪便排出的部分水分；三是通过书肺的气体交换散失的水分。所以人工养殖蝎子是不能缺乏水的。

四 风化土

蝎子为穴居，其一生中大部分时间都在穴中度过。蝎窝一般为泥石构成，即使天然石缝中也有大量泥土（风化土），风化土是蝎窝的主要成分。风化土中含有丰富的微量元素和矿物质，对蝎子生长具有独特的作用。观察发现，如果蝎子长期在无土的环境中会发生食欲不振、逐渐消瘦、光泽尽失和不能蜕皮等现象。而在有水分和风化土的情况下，蝎子即使不吃不喝也能存活8~9个月，其他任何一种饲料都不具备风化土这种特有的生理调节功能。例如蝎子在填充期后期，食入一定数量的风化土，用风化土直接吸收躯体内游离水分和消化道内的多余水分，从而加速了入蛰前的脱水过程；在气温偏低时，风化土则成为蝎子的主要食物，可以帮助其度过不利的春寒时期，即使在它的生长期内，消化道内仍有少量风化土存在，同时仔蝎在蜕皮的过程中风化土也会起到很重要的作用。

蝎子对风化土的酸碱度比较敏感。要求风化土以中性为宜，pH为7左右，一般不超过9，不低于5，过酸过碱都影响蝎子栖居。因此，在北方盐碱地区、南方酸性红壤区都没有蝎子栖居。

五 光线

蝎子喜阴怕光，对弱光有正趋性，但蝎子怕强光直射和阳光暴晒，蝎子一生大多数时间是躲在洞穴里休息度过的，它的交配、产仔也是在光线较暗的地方进行，只有到晚上7~12点，蝎子才会出来活动觅食。虽然如此，蝎子仍然需要借助太阳光来吸收辐射热，这样有利于蝎子的生长发育和体内胚胎的孵化。野生蝎子通常在早春日温12~18℃时，开始在距土表为2~5cm的缝隙内、厚度为1~1.5cm的坡下，吸收日光的热量，称晒暖。因而蝎子也不能常年处于阴暗潮湿之中，应当有一定的光照面，尤其是在整个冬蛰期间，应使养殖室、垛体等能尽量接受到光照，想方设法延长光照时数，

或采取适时晒垛等措施,以防止养殖室内冬季易出现的过于潮湿现象,确保蝎子安全越冬。

六 风

风对蝎子的活动有很大的影响。在野生的自然状态下,春季若刮西南风,特别是雨后的西南风,第二天蝎子外出活动就较多。蝎子在夜晚外出活动时,一般顺着微风跑得很快,而逆风则很慢。在刮大风的天气以及暴风雨即将来临的时候,蝎子很少外出活动,但是在人工饲养的室内,恒温养殖的蝎子受风的影响却很小。

七 空气

蝎子在空气缺乏的情况下,有很强的忍耐力,而且能自空气中摄取水分和热量生存。但是蝎子主要是靠书肺进行呼吸作用,其生活环境中空气的冷热和干湿状况,以及蝎房内空气中的氧气和二氧化碳的含量,对其生长发育有直接影响。尤其是蝎子对二氧化碳和一氧化碳的气味特别敏感,易引发中毒。如果蝎房通风不好、空气不流通,就不能使蝎子吸入足够的氧气,从而阻碍体内的新陈代谢活动;同时,又由于蝎房内的二氧化碳不能及时排出而停留在空气之中,这样也不利于蝎子的身体健康,常会损害身体。所以,人工室内养殖蝎子时,房内要注意开窗,以保证空气的流通,冬季在房内用煤炉加温时一定要将废气通到房外,以免蝎子发生二氧化碳、一氧化碳中毒而死亡。

八 天敌

蝎子的天敌很多,首要有老鼠、螳螂、鸡、鸭、鸟、蛇、壁虎、青蛙、蟾蜍、蚂蚁、黄鼠狼、蜥蜴等。但人工养殖时,最首要的防备对象是壁虎、老鼠、蚂蚁、鸡和鸟等。

1. 壁虎

壁虎行动敏捷、善钻隙,不易被发觉且抗毒,不惧蝎子蜇刺。主要危害幼蝎。

2. 老鼠

老鼠善爬高,能打洞。它不仅危害蝎子和蝎子的饲料虫,而且

破坏养蝎设施。尤其是人工养殖蝎子处于休眠状态后,一旦有老鼠进入饲养室,则会对蝎子造成很大的危害。一只老鼠仅在一昼夜便可以吃掉或伤残数以百计的入蛰休眠蝎子,有的饲养室内蝎子甚至被全部吃光。

3. 蚂蚁

蚂蚁不仅抢食蝎子的饲料虫,而且会群集攻击、蚕食蝎子,对仔蝎和正在蜕皮及刚蜕皮未恢复活动能力的蝎子危害较大。

4. 鸡和鸟

鸡和鸟等禽类主要是在白天危害野生蝎子的天敌,它们在营巢、觅窝和扒寻食物时,捕食栖息在土穴窝洞、树皮、落叶、碎草、碎石下和墙壁缝隙内的野生蝎子。人工养殖蝎子饲养室内一旦有鸡和鸟进入,对蝎子也会造成严重的损失。

> 【提示】 蝎子的天敌对蝎子的危害严重,在人工养殖蝎子时一定要注意加强防范,严防天敌侵害蝎子,以免造成不必要的损失。

第二章 蝎子的生物学特性

第三章
蝎子的生长发育和繁殖

蝎子为卵胎生,是变温动物,在整个生命过程中,蝎子要经过6次蜕皮,才能长为成蝎。野生蝎在自然条件下,完成6次蜕皮一般需要3年的时间。人工养殖蝎子时,由于饲养条件的改善和稳定,蝎子的蜕皮周期可以大大缩短,使蝎子可以提前进入成年期。

第一节 蝎子的蜕皮

蝎子蜕皮是由于体内一系列生理、生化作用,将原表皮(旧皮)与真皮分离,同时产生新表皮和增长躯体。蝎子蜕皮是生长发育的标志,是个体发育过程中的一个必要步骤,蝎子必须蜕去旧皮方能增长躯体。蝎子从出生到成年一共要蜕皮6次。由于生活环境的不同和蝎子个体的差异,除第1次在母蝎背上蜕皮时间大致相同外,以后几次蜕皮所需的时间差异较大。

一 蜕皮过程

虽然蝎子的外骨骼起着保护、支持以及运动的作用,但另一方面也限制了蝎子的生长发育,因此,蝎子出现了周期性的"蜕皮"现象。

蝎子蜕皮的基本过程是:蝎子在蜕皮前需要吸收大量的水分使体压增高,在蜕皮激素的作用下,上皮细胞分泌蜕皮液,其中含有几丁质酶和蛋白酶,这些酶通过新的上表皮而进入旧的内表皮,并进行消化、分解和吸收;同时上皮细胞也开始不断地分泌新的内表皮，此时的蝎子体表实际上有两层外骨骼；随后，沿头、胸部背中线旧表皮裂开，附肢折叠于腹面，并蜕去旧的外骨骼。新蜕出的部分不断地扭曲、蠕动，以此为动力，从头部至尾部依次蜕出，整个蜕皮过程历时3h左右。

刚蜕皮的蝎子外骨骼很柔软，身体需靠吞入空气或吸取水分来增加体内压力以延伸体积，得以生长。蝎子蜕皮后，可以明显看到蝎体增大、有光泽，体色淡黄，肌肉娇嫩（图3-1）。几天后，体色加重，活动能力迅速恢复，体重迅速增加。此时新生表皮再通过鞣化而变硬，形成新的外骨骼，并不断地增加表皮的厚度。蝎子的蜕皮是在位于脑的神经节和副神经节中分泌细胞分泌激素的控制下进行的。

图3-1 蜕皮后的蝎子

二 蜕皮的预兆和蜕皮方法

蝎子在蜕皮前都有一定的预兆，一般蜕皮前一周开始，蝎子活动量减少、皮肤粗糙、体节清晰可见、前腹部肥大。有的前腹部紧贴地面，时有摩擦。有的蝎子向地下移动，或迁往蝎窝中部（1龄蝎除外），不吃不动，进入半休眠状态。

刚出生的幼蝎称1龄蝎，体长约1cm，体呈乳白色，形如大米粒，身体肥胖，活动微弱，没有独立生活的能力，也不具备对敌害的防御能力。出生后不久小幼蝎们便在雌蝎的协助下，本能地顺着雌蝎的附肢爬到其背上，并有规律地排列在雌蝎的背上，四周的幼蝎头部大都向外，后腹相互靠紧，都不在雌蝎的头胸部和触肢上，以免影响雌蝎接受外来信息。在雌蝎背上期间，幼蝎不吃、不喝，也不活动，主要靠腹内残存的卵黄供给营养，以此来维持生活。幼蝎的第1次蜕皮比较特殊，均是在雌蝎背上进行的。仔蝎出生后5天左右开始蜕皮，幼蝎第1次蜕皮时一般要借助母体的被动帮助，先用尾刺钩住母体的体节间隙，头部朝下，倒悬下来，随着幼蝎不断扭动身躯，头、胸部旧皮破裂，露出新的头、胸部，然后继续扭动，旧皮逐渐蜕出整个蝎体。1只雌蝎背上的幼蝎蜕完皮约需2～6h，而且所有皮粘成一团，呈乳白色纤维状。蜕皮后3～5天逐渐离开母背而独立生活。

蝎子每蜕皮1次增加1龄，每次可增长5～7mm，最后一次蜕皮长为成蝎，体长约5cm。从2龄蝎开始到第6次蜕皮，蝎子主要借助外物进行。每次蜕皮前，一般先找一个隐蔽适宜的地方，用步足抓住石块、沙粒、泥土或瓦片等作为固着点，其外骨骼便从头、胸部的背中线裂开，此时蝎子不断扭动身躯，头、胸部先蜕出，附肢折叠于腹面，随着扭动、伸缩，依次蜕出前腹部和后腹部，进而结束整个蜕皮过程。蜕皮后的蝎子全身嫩白，静止不动，形同"死蝎"一般，呈半休眠状态，6对附肢整齐地叠放于腹部，就像一条长尾贴地爬虫，但很快就会复苏，"死蝎"复活，蝎体迅速膨胀扩大，身体伸长，附肢展开，并开始活动。但是由于幼蝎新皮尚未变硬，所以身体柔软，无能力抵抗病害、虫害及其他敌害，几天之后，身体变成淡褐色，外骨骼也随之变硬，抵抗力增强。

三 影响蜕皮成功的主要因素

蝎子能否成功地蜕掉旧皮换成新皮并顺利变硬，受到许多外界环境条件的制约，尤其是人工养殖蝎子，蜕皮成功率的高低，直接影响仔蝎的成活率和产量的高低，最终影响经济效益，所以必须针对影响蝎子蜕皮成功的主要因素，采取适当的措施。

1. 温度

环境温度是影响蝎子蜕皮的关键因素之一，若蜕皮时温度突然

降低，易造成蜕皮时间延长或停止；而温度突然升高，易造成蜕皮蝎子脱水而死亡。蝎子蜕皮时最适宜的温度为25～38℃，日温差最好不超过5℃。

2. 湿度

湿度也是影响蝎子蜕皮的关键因素，若蜕皮时湿度不够，蝎子难以蜕皮，容易造成死亡；湿度过大，易孳生有害病原微生物，造成刚蜕皮蝎子的感染。蝎子蜕皮时最适宜的空气相对湿度为70%左右，土壤湿度为15%左右。

3. 噪声

蝎子在蜕皮时对噪声比较敏感，噪声过大会使正在蜕皮的蝎子立刻停止蜕皮，甚至导致死亡；刚蜕皮的蝎子会因噪声惊动而乱爬动，碰到硬物容易擦伤皮肤而致伤。所以，蝎房要尽量保持安静。

4. 饲料营养

蝎子蜕皮前后所需要的营养比平时要多，蜕皮前饲料充足，蝎子能吸收丰富的营养，不仅增强机体抵抗力，还具备良好的体能和体质，蜕皮时就能不停地扭动躯体，使旧皮顺利蜕下；蜕皮后饲料充足，可促进蝎子新皮的快速增长和早日变硬。因此在蝎子蜕皮前后，必须供给丰富和充足的饲料。

5. 卫生安全

蝎子蜕完皮后，新换的皮由于白嫩，身体柔软，抵抗病原微生物和敌害的能力较弱。因此，在这段时期应搞好蝎窝、蝎池及其周围环境的卫生安全工作，杜绝病原微生物的存在，并加强防范措施，不让敌害侵害蝎子。

6. 密度

蝎子饲养密度的大小也会影响蝎子的蜕皮效果，密度太大由于相互干扰而影响蜕皮，另外，刚蜕皮的蝎子因体嫩质弱容易被其他蝎子残杀。所以，有条件的养殖场应控制好蝎子的饲养密度。

> 【提示】 蝎子在蜕皮过程中，最怕温度过高或过低以及惊吓，因此要严格管理，以免造成不必要的损失。

第二节 蝎子的生长发育

蝎子的生长发育有其固有的特点,蝎子一生中要经过6次蜕皮才能生长发育完全,长为成蝎。蝎子蜕皮是一个生长行为,是与个体发育联系最密切的生物学过程。蝎子每蜕1次皮,其体长、体重都会得到快速增加,蝎体的颜色也会随之发生变化。同时与个体生长而伴随蝎子的行为发育也在进行,而且比个体生长更迅速。蝎子的生长发育包括个体生长和行为发育两个过程。

一 个体生长

仔蝎从出生到成蝎的6次蜕皮过程,其实是蝎子6次不断增长的过程。从第1次蜕皮到第6次蜕皮,仔蝎体长的增长是呈跳跃式演变的。

1. 1龄蝎

野生蝎子一般于每年的6、7月份产仔,刚出生的幼蝎称1龄蝎。1龄蝎身体很小,长1cm左右,重量约0.02g,外观肥胖,体软呈乳白色,附肢及长尾均折叠在胸前,看上去显得肥胖而柔软。出生后5天左右开始进行第1次蜕皮,蜕皮后称2龄蝎。

2. 2龄蝎

2龄蝎首先是蝎体颜色的转深,由原来的乳白色慢慢变为淡黄色,再变为淡褐色,幼蝎的体形迅速拉长变细,体长约1.5cm左右,但比1龄蝎细约1/3。这时蝎子的体重有所增加,平均每只可以达到0.025g。2龄蝎延续时间大约2个月,即到9月份左右进行第2次蜕皮,成为3龄蝎。

3. 3龄蝎

3龄蝎体长由1.5cm左右增加到2.0~2.3cm,体重增加到0.05g左右。此时期的蝎子已经能够自由采食和活动,体形迅速增肥变粗,到了10月份中下旬以后,体重有明显增加,不久进入冬眠期。次年6、7月份体重达到高峰,准备进行第3次蜕皮,蜕皮后称4龄蝎。

4. 4龄蝎

4龄蝎体色已变为灰褐色,且体长达2.8~3.0cm,体重达0.1g

左右。8、9月份进行第4次蜕皮,成为5龄蝎。

5. 5龄蝎

5龄蝎体长增至3.4~4.0cm,且体肥粗壮,体重0.6g。第3年5、6月份进行第5次蜕皮,成为6龄蝎。

6. 6龄蝎

6龄蝎体长增长至4.0~4.5cm,体重0.8~1g。到8、9月份进行最后一次蜕皮,成为7龄蝎。

7. 7龄蝎

7龄蝎即已长为成蝎,体长达到5cm左右,体色也已确定,背部及尾部末端呈灰褐色,且节间有光泽闪现,腹部、尾部前4节及附肢均为橙色,体重1.2g左右,此时从外形上已可分辨出雌雄蝎了。7龄后的蝎子体长不再增长,但体重会有所变化,怀孕雌蝎产前可达2g以上。

蝎子个体生长除了受到外表皮限制,依靠蜕皮时跳跃增长外,其体重的增长还受到外界环境等许多因素的影响,因此,人工养殖蝎子要加以注意。蝎子不同龄期体长、体重对照见表3-1。

表3-1 蝎子不同龄期体长、体重对照

龄 期	体长/cm	体重/g	蜕皮时间
1	1	0.02	出生后第5天
2	1.5	0.025	当年9月份
3	2.0~2.3	0.05	第2年6、7月份
4	2.8~3.0	0.1	第2年8、9月份
5	3.4~4.0	0.6	第3年5、6月份
6	4.0~4.5	0.8~1	第3年8、9月份
7	5	1.2	—

二 行为发育

蝎子的行为发育是与个体生长同步进行的,因此它也是个体发育的组成部分。小幼蝎自母体产出到第1次蜕皮,因其身体弱小、不具捕食的能力,主要是趴在雌蝎的背部,靠继续消耗自身胚胎发育残存的卵黄营养为生。幼蝎在母体背部有规律性的头端向外,整齐地排列于两侧。1龄蝎身体弱小，活动微弱，有时只轻轻蠕动，而无明显的爬行动作。此时幼蝎若从母体背上滑落，常很快死亡。蜕皮后的2龄蝎，有的在蜕皮过程中从母背上落地，但蜕皮后又能迅速爬回到雌蝎背上（图3-2），体色逐渐变为褐色，再经过1周左右，便离开母体自行独立生活。此时期的仔蝎活动能力已大为增强，既能在夜间外出、寻找适宜的生存环境、独立安家落户，又可借助尾刺、螯刺猎物或进行自卫。2龄蝎食欲旺盛，能全天进食，但在食物缺乏的情况下，常发生互相残杀的现象。到了9月下旬至10月上旬，3龄蝎食欲极强，食量增加，进入取食的高峰期，主要是为准备越冬积累营养。由此可见，从刚出生的1龄蝎和蜕皮后的2龄蝎，从趴背到下地活动，从不能取食到能主动捕食，蝎子即完成了其基本行为的发育。

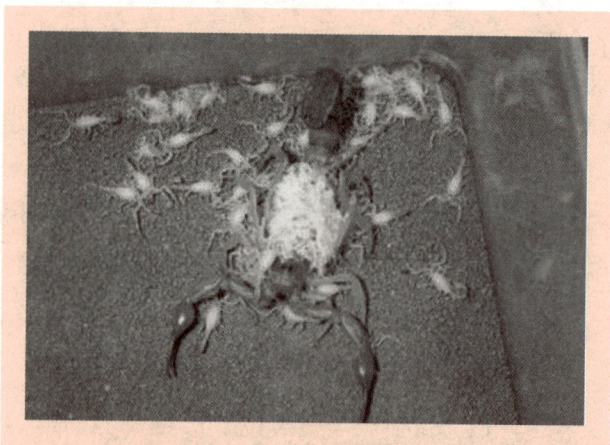

图3-2 从母蝎背上掉落的仔蝎

第三节 蝎子的交配

无冬眠条件下，正常发育的蝎子8个月左右就趋于成熟，在适宜情况下就可以进行交配。

一 雌雄蝎的配对

蝎子为雌雄异体动物，在自然界里，雌、雄蝎子的数量大致为

3∶1。蝎子虽属一次交配终生受孕的特殊动物,但也应合理地搭配雌雄数量。雄性蝎过少,容易造成雌蝎产仔后失配或漏配,将直接影响以后的产仔数量和成活率;雄性蝎过多,会引起因争夺雌蝎而相互残杀的现象发生。一般1只雄蝎在短时间内能和两只雌蝎进行交配,特别强壮的雄蝎最多能连续和3只雌蝎进行交配。雄蝎交配后,要待3个月后才可能再次和雌蝎进行交配。雌蝎交配受精后,精子能在精囊内长期储存,因而雌蝎交配1次可终生繁殖,但繁殖率会逐年下降。所以人工养殖蝎子,雌、雄蝎的比例以(2~3)∶1为宜。

二 交配过程

蝎子交配过程比较复杂,基本上可分为3个阶段。

1. 雄蝎寻找交配对象

雌性蝎子到了交配繁殖的时期,体内会散发出一种能招引异性的性外刺激素,性成熟的雄性蝎子能根据气味寻找到发情的雌蝎进行配对。在人工养殖条件下蝎群随时可以交配。另外,性成熟的雄蝎也会发情,并主动寻找配偶。雄蝎发情时,急躁不安,常以步足撑地,身体离开地面,不时地前后抖动,并用触肢钳拉其他蝎子的触肢,若拉的是雄性蝎,双方相蜇而逃;若找不到对象而不能进行交配,有的雄蝎就会迫不及待地将精荚排在瓦片或石块上,最终达不到受精的目的。

2. 雄蝎寻找交配场地

雄蝎找到交配对象后,便用一只或两只脚须的大钳夹,钳住雌蝎触肢的钳不放,并将雌蝎不断拖来拖去,急忙寻找交配场地。如果雌蝎反应迟钝,雄蝎会用嘴或一只钳夹去触动雌蝎的嘴,以调起雌蝎兴奋,有人称之为雌雄蝎交配舞蹈(图3-3)。当雌雄蝎子都表现出兴奋的样子时,他们的后腹部就高高竖起,并不断摆动尾节,此时雄蝎腹下的两片栉状板也不断地摆动,探索着地面的情况。当寻找到平坦的石块、瓦片或坚硬的地面时,雌雄蝎子便停下来,雄蝎用自己的两只脚须钳夹,头对头地钳住雌蝎的两只脚须钳夹,当雄蝎感觉到雌蝎与自己处在同一条线上时,便将雌蝎拉到自己的身体处,为排出精荚受精而做好准备(图3-4)。

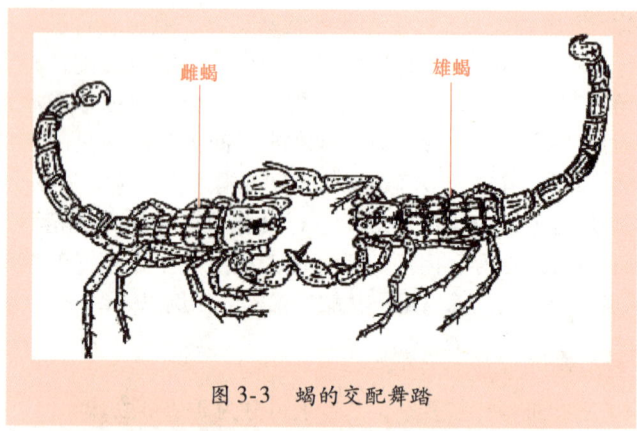

图3-3 蝎的交配舞蹈

图3-4 雄蝎将雌蝎拉近自身处

3. 排出精荚和受精

当雄蝎把雌蝎拉近后，会停止活动片刻，然后雄蝎全身抖动，并翘起第1对步足，两足有节奏地交替抚摸雌蝎的生殖厣和前区，这样经过反复多次，随后雄蝎尾部上下摆动，不久雌蝎便很顺从地接近雄蝎。此时雄蝎前腹部抖动并慢慢向下移动，其生殖厣贴近地面，从生殖孔伸出长约10mm的线状精荚，并倾斜牢固地粘在地面上（与地面约成70°角）。与此同时，雄蝎前腹部稍微抬起，拉着雌蝎慢慢向后移动，当前移的雌蝎生殖厣触及精荚瓣的尖端时，精荚的上半部便刺入到雌蝎已舒开的生殖孔内，这时精荚瓣破裂，释放出精液，进入受精囊中（图3-5）。

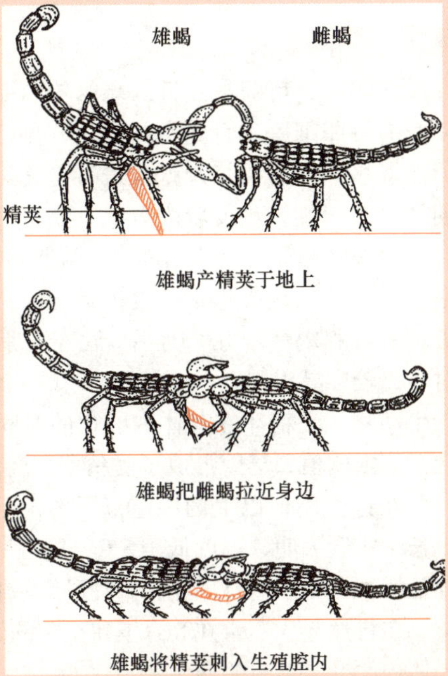

图 3-5 雄蝎传送精荚示意图

交配结束后，雌蝎后退，挣脱雄蝎后便各自离去。但雌蝎具有"残杀亲夫"的习性，有时在交配受精后，由于疼痛刺激，表现出狂躁不安，会反目成仇，若此时雄蝎尚未离开，会出现一口把雄蝎咬死或吃掉的现象。

雌雄蝎交配的时间，一般需要0.5~1h，但往往随着具体交配环境而变化，长的可持续3~4h。无论是野生蝎子还是人工养殖的蝎子，交配后的雄蝎，由于体质等原因，大约有1%会自然死亡，这是生物界强者生存弱者淘汰的自然现象。

第四节 蝎子的繁殖

一 体内孵化

雌雄蝎子完成交配后,精液虽然进入雌蝎体内受精囊中,但并不立即受精,而是要待卵细胞发育完全成熟后,再行受精形成受精卵。然后受精卵再下移到卵巢网格外壁上进行孵化。蝎子交配后是否怀孕,在初期靠直观识别,难度较大。但只要留心观察,在怀孕初期可以通过雌蝎的一些特征变化来判断:如雌蝎不愿意接触雄蝎,遇到雄蝎就逃避开,即使被雄蝎追上,也拒绝交配;雌蝎不愿意活动,采食增多等。一般雌蝎怀孕几个月后,由于胚胎发育,前腹部逐渐增大,此时才比较容易识别。

蝎子属卵胎生动物,受精卵在其体内孵化的时间主要受温度的影响,如温度低于下限阈值,尽管形成了受精卵,胚胎也不能发育,不能形成仔蝎。而在这个阈值以上的一定范围内,温度越低,发育越慢,妊娠期越长。实验表明,温度低于5℃,则胚胎发育停滞;在15℃以上,发育延续;在25~30℃范围内,胚胎发育加快,35~45天即可完成孵化。在自然界,通常在8月下旬交配的雌蝎,到次年6月中旬才产仔,体内孵化历经300天。其中产后交配者孕期一般为290~300天,春末初夏的产前交配者40天左右产仔。所以,自然条件下,怀孕的雌蝎常常白天倒悬在石块下,吸收太阳热能,以利于胚胎发育,到夜间便会回到窝穴或土、石峰深处栖息,可见孕期与气温关系密切。

根据以上原理,在人工养殖情况下,通过控制孕蝎的环境温度,使其保持在25~30℃范围内,就可以使母蝎每年由产1胎提高到产2~3胎。

二 产仔

1. 临产预兆

孕蝎在临产前几天,前腹部异常隆大,背板环甲纹间距明显增宽,腹中白色胎儿在前腹部腹面处隐约可见,行动蹒跚,一般停食或少食,也不爱活动,只在夜间缓慢外出,开始在背光安静处寻求产仔场所。选定产仔地点后,用角须和第4对步足撑高躯体,第1~3对步足交替挖建产房,并用尾部将所有挖出的土推开推平,直至挖成与自身大小差不多的产房。挖建产房时挖时歇,需2~3h方可完成。产房挖成后,孕蝎伏在产房内不动,处于临产前休息状态(图3-6)。

图3-6 雌蝎产仔示意图

2. 生产过程

孕蝎临产前由于生殖孔收缩、产前阵痛,表现不安。临产时,孕蝎伏于地上,向前倾斜弯曲身体,第1、2对步足向内收缩,合抱于胸前,做成产床,而第3、4对步足则伸直打开,牢牢扒附于地面,借以支撑及用力。蝎体整个前部(从生殖盖板以前)均向前倾斜,贴近地面。姿势摆好以后,栉板下垂,生殖盖板打开,随着腹部抖动,仔蝎依次从生殖孔产出,落于两对步足合抱之中,并不直接产于地面。

雌蝎体内卵很多,通常一次有几十个同时成熟,与精子结合形成受精卵,进行体内孵化,所以产仔时往往一次很多,一般20~40只,少的只有几只,多的可达60只左右。产仔时,这些幼蝎成批产下,每产一批间隔30min,长的约需1h,每批一般产下5只左右,整个产仔时间约3h。

三 育仔

刚出生的幼蝎呈圆锥形米粒状,常被娩入土坑中,堆积在雌蝎的前腹部下方。幼蝎体外包有白色且透明的黏液(即退化了卵壳),因此互相粘连,附肢、尾部均折叠于腹面,大约4~5min,当体表的液体干涸后,幼蝎便可伸展活动,附肢和后腹先伸开,然后从白色的黏性物中挣脱。全部幼蝎拢抱在栉状器与第1、2对步足构成的"产床"之中,形成椭圆状,随后在雌蝎的协助下,本能地顺着雌蝎的附肢和头胸部爬到母背上,这是雌蝎保护幼仔脱离危险的本能。雌蝎产完仔后,对没能爬上母背的幼弱蝎和发育不全而产出的卵粒、死胎会全部吃掉。此时雌蝎已完全恢复了常态,后腹部向上弯曲,时刻保护着背上的幼蝎(图3-7)。

图3-7 雌蝎协助幼蝎爬上母背

雌蝎背负着幼蝎的这种行为称为"育仔"。有人把育仔期说成是仔蝎的吸收蜕变期和产仔雌蝎的产后息养期。其实,育仔期雌蝎背负自己的幼蝎时刻处于高度警惕状态,并不是所谓产后的修养,虽然它进行一些生理调节,但身体的恢复主要是从完成育仔后开始寻食活动起,育仔期雌蝎的一切活动均围绕护理幼蝎进行,虽然它们不吃不动,蛰伏于产房内,但与休息不同,它对外界十分微弱的干扰即有敏捷反应。若它的栖息场所有其他动物入侵，雌蝎会马上作出反应，保护自己的幼仔。如果有幼蝎从母背上掉下来，雌蝎会用强大的触肢轻轻地钳住幼蝎，诱导其重新返回到母背上。遇到天敌或气候恶劣时，雌蝎会迅速背负幼蝎迁移，躲藏到比较安全的地方。

在正常情况下，雌蝎的护仔行为表现为细心照顾，而有的情况下，也会发生雌蝎反目成仇，野性发作，残杀幼蝎的现象。如外界条件严酷时（产前营养不足或产后环境湿度偏低等），雌蝎往往会吃食幼嫩多汁的幼蝎，以改善自己体内的营养及水分状况；当遇到天敌入侵攻击时，雌蝎为了逃命，常常会抖掉身上背负的幼蝎，一来为了减轻负担，便于快速逃离险境，二来为了抛出食饵，舍仔保身。因此，在育仔期管理上，要针对其特点采取有效的措施，保证育仔期雌蝎的安全，提高幼蝎的成活率。

第四章
蝎子的人工繁殖

选择和引进优良种蝎,是搞好人工养殖蝎子工作的第一步,也是人工规模化培育蝎子的基础。如果任其自由交配、繁殖,往往由于血缘相近,其后代会逐渐退化、体质变差、个体变小、繁殖率下降,直接影响到蝎子的繁殖和发展。因此,在进行人工养殖时,要十分重视引种和选种工作。

第一节　蝎子种质资源

一　我国野生蝎资源分布

我国野生蝎资源最丰富的是东亚钳蝎,主要分布于山东、山西、河北、河南、内蒙古等省(自治区)的山区和丘陵地区,在辽宁、吉林、湖北、陕西、安徽、江苏等省的局部山区和丘陵地带也有大量分布(表4-1)。

表4-1　东亚钳蝎的品种分化

序号	名称	分布	形态	生物学特点
1	东全蝎	山东(潍坊、临沂、青岛、崂山)	体深褐略呈黑色,体型较长、较大	喜微酸性土壤,喜食昆虫类等小型体软动物,繁殖能力较强
2	会全蝎	河南(南阳伏牛山区)、湖北(老河口)	体深褐色,体型较短	喜微碱性土壤,除昆虫类等小型体软动物外,还能取食一些植物性食物

(续)

序号	名称	分布	形态	生物学特点
3	黄尾蝎	山西省	体浅褐略带黄色，体型偏小	适应性较强
4	辽开尔蝎	东北地区	体型肥大	抗逆能力强

近年来，我国人工养蝎所培育的品种多数是由东亚钳蝎、东全蝎或会全蝎经人工驯化而成的。此外，我国局部地区还分布有另外几个蝎种，如主产于云南的石竹剧毒蝎、主产于台湾的斑蝎、主产于西北地区的山蝎、主产于四川西部和西藏地区的藏蝎等。这些稀有蝎种，或因其毒性烈、野性大、凶悍，或因其药用价值和经济价值低，或因其繁殖力差等，迄今尚无人工驯化和人工养殖成功的例子，但可以将其作为育种材料进行研究，有待进一步开发。

二 蝎子种苗的来源

饲养种蝎的任务就是繁殖、扩群和育种。种蝎的来源主要有两个途径：一是由捕捉的野生蝎驯化培养而来；二是直接从其他蝎场引种。

1. 野生蝎的捕捉

捕捉野生蝎子，主要是根据其生态特点和活动规律，寻找其栖息和活动场所。蝎子喜欢阴暗凉爽不干不湿的环境，有冬眠的习性，进入冬眠期的蝎子往往会躲在较为隐蔽的地方栖息。因此，捕捉野生蝎子的时间宜选在春季、夏季和秋季。

野生蝎在入伏前，一般都会在山底下，阳坡的石板下或者碎石瓦片较多、地面潮湿、有绿色植被和孳生昆虫较多的地方活动和觅食，特别喜欢以石灰石为主的山头，蝎子多在晚间 8~12 点出穴活动或觅食，这是捕捉野生蝎子的最佳时间（图4-1）。若在白天捕捉野生蝎子，首先要查明蝎子经常栖息的场所，然后寻找蝎子排出的白色粪便，粪便的线路和光滑的空道就是蝎子出入的痕迹，沿此痕迹寻找，即可找到蝎子窝穴，而后顺窝寻捕。野生蝎子的窝穴，无论是垂直缝隙还是石板夹缝、土窝穴，都不会出现在产生空气对流点的地方，蝎子窝穴的四周往往有白色点状的粪便，找到窝穴后可用工具把四周的土或石块、砖头清理掉，使蝎子明显暴露实施捕捉。

图4-1 蝎子喜欢晚间出来活动

捕捉野生蝎的最有利时机是雨过天晴或大雨过后的次日晴朗天气，此时野生蝎子的活动较频繁，可乘机捕捉。野生蝎子对于周围环境的变化有很强的感知力，捕捉时，稍有不慎就会被蝎子发现，导致捕捉蝎子失败，因此必须采取积极防范措施。

为了捕捉优良的蝎子且不被蝎子蜇伤，捕捉时不能徒手去抓，应该用竹夹子或金属镊子夹住蝎子的尾部（图4-2），也可以戴上皮革手套捕捉。另外，蝎子怕光、怕风、怕烟，因此在捕捉时可以利用这些特点用喷风机或者喷烟机对蝎子窝穴进行喷射，使蝎子伏地不动，乖乖地等着被捕捉；若是夜间捕捉野生蝎子，可以用光束照蝎子，效果与喷烟、喷风一样。

图4-2 用竹夹子夹住蝎子的尾部

每年的3~4月份、气温在12~18℃时蝎子开始活动,大多趴伏在距土表2~5cm的缝隙口、崖头、老墙、地堰裂缝和薄石板下取暖,此时只要去掉地表的土层或掀开石板即可捕捉蝎子。5~7月份,自然温度条件适宜,野生蝎子活动非常活跃,无论是白天还是夜间都可捕捉,而且此时的雌蝎大部分进入体内孵化期,由于即将产仔,因此捕捉这样的蝎子作为种蝎养殖效果最好。另外,如果在雌蝎产仔季节捕捉到临产的雌蝎,不小心往往容易引起雌蝎流产,即使捕捉到背负仔蝎的雌蝎,由于捕捉时雌蝎受到惊吓,其逃跑时会将背上的幼蝎抖落掉地上而导致幼蝎死亡,所以,不宜在此阶段捕捉孕蝎。9~10月份,野生蝎子开始进入填充期,要开始为冬眠做准备,其活动量大大减少,此时捕捉比较容易。如果捕捉回来在常温下饲养,野生蝎子一时很难适应新的环境,不易安全过冬;如果捕回后进行加温饲养,野生蝎子能较快适应新环境,到第2年的2~3月份即可产仔。

此外,捕捉野生蝎子还要考虑到物种循环的问题,要捕捉大的蝎子,不要捕捉小的蝎子,而且像孕蝎或者正背负有幼蝎的雌蝎尽量不要捕捉,这样蝎子才能一代代地发展下去,也不至于浪费资源,使野生蝎子灭绝。捕捉回来的野生蝎子,可从中挑选符合种蝎标准的蝎子作为种蝎用,如体色光泽、活动敏捷、个体肥大等。剩下的若为残次的大蝎子可加工成商品蝎;个体较小的蝎子可养大后再做选择,能留作种蝎的留种,不能留种的作商品蝎出售。

由于野生蝎子的性情凶悍,人工高密度混养会激化其种内竞争,造成大吃小、强吃弱的相互残杀现象发生,再加上野生蝎子由野外自然环境进入人工创造的小生态环境一时难以适应,其正常的生理活动必然会受到影响,并会导致仔蝎在母体内不能很好地孵化发育,所产出的仔蝎多数体质较弱,成活率极低。所以,对于养蝎户尤其是初养蝎者来说,尽量不要直接把野生蝎子捕捉回家做种蝎进行繁殖,要待积累了一定的养殖经验和掌握了一定的养殖技术后,再捕捉一部分野生蝎子进行育种。

2. 从种蝎场引种

目前野生蝎子的数量越来越少,已经濒临灭绝,所以直接从蝎场引种是目前许多养殖户采取的一个较好的引种方式,尤其是新养殖户。但是在引种时一定要注意以下问题：首先考察引种蝎场是否正规可靠，养殖是否规范。除了应向养蝎场了解种质资源情况外，还要从表面上观察蝎子品种的优劣。其次要学会区分野生蝎和家养蝎，最好能分辨常温养殖的蝎子和加温养殖的蝎子。

优良的种蝎是来自正规蝎场的真正家养成功的蝎子，其颜色为浅黄色，触肢匀称，节纹明显，因营养良好显得体形肥满，性情温顺，群居时能和睦相处（图4-3）。如果是未经驯化的野生蝎子，其蝎背颜色发黑，行动迅速，群居时有打斗现象。若是5年以上的老年蝎，虽然体形也显得肥大，但是皮肤粗糙、没有光泽，行动迟缓，触肢大部分尖端发黑，极个别的还有烂肢或残缺不全的现象，饲养时容易死亡。这两种蝎子繁殖的幼蝎成活率低，且幼蝎生长缓慢、抗病能力差，公蝎淘汰率高。因此，在选择种蝎的时候一定要谨慎，先对蝎场进行调查了解，尽量选择有规模的正规的蝎场合作。

图4-3　家养种蝎

第二节　引种前的准备

在引进种蝎前一定要把各项准备工作做好、做细，这是人工养蝎取得较好经济效益的重要前提。从思想和设备上若没有做好准备，就盲目地引进种蝎，可能会造成不应有的经济损失，甚至会关系到今后养蝎生产的成败。引种前的准备工作主要有以下几个方面。

一 饲养室的准备

1. 饲养室内的保温、保湿

无论是塑料大棚还是养殖房养,首先要认真检查饲养室内的保温、保湿措施是否准备妥当。实践证明,室内顶部和四周墙面用塑料布再封闭起来的场所,它的保温、保湿效果是比较好的。在制作时,塑料布一般要离开顶部30~50cm,以防在加温时塑料布隆起而贴到顶面上;墙面与塑料布之间也要留出5cm的空隙,使之有一较好的保温层。窗口处要留出排气孔,有条件的可安装换气扇。大棚内的顶面棚料布最好是用黑色的,这样既能起到吸热作用,又能起到避光作用。有计划地将立体式蝎池组装好后,还要细心检查加温措施,做到随时都能起用。

2. 饲养室的消毒灭菌

饲养室在清理、清扫、洗刷干净后,最好用高锰酸钾-福尔马林溶液熏蒸消毒。其方法是:先准备一器皿,高锰酸钾和福尔马林溶液按1:3的比例,先将高锰酸钾粉剂倒入器皿中,在倒入福尔马林溶液之前,身体要远离容器,容器口不要直对人。倒入之后,要立刻离开房间,密闭十几个小时后,可彻底灭除影响蝎子生长发育的细菌和病毒等隐患。熏蒸时的用量为福尔马林溶液每立方米的空间不得少于25mL,也可用0.1%的来苏儿水进行喷洒,对蝎池进行全面消毒。建池所用的砖、瓦等可放入0.1%的高锰酸钾溶液中浸泡消毒。产仔瓶的多少,要根据引进种蝎的数量而定,一般每个产仔瓶放两只待产蝎(图4-4)。

图4-4 产仔瓶(窝)

购买的产仔瓶,要刷洗干净后再用0.3%的高锰酸钾溶液消毒,严禁使用盛过农药或油类的瓶子。

二 饲养工具的准备

在引入种蝎之前,饲养管理人员一般要准备好下列工具(图4-5)。

图4-5 常用工具

1)鸡毛或羊毛扫帚(用10根左右鸡毛或一撮羊毛扎紧在小竹竿上)和小铁簸箕,用于捕捉落在蝎窝地上的幼蝎和打扫蝎窝卫生。

2)竹夹子或金属镊子、橡胶手套,用于捕捉成蝎。

3)小水壶,用于蝎窝水槽添水。

4)喷雾或喷水(喷水眼越小越好)的水壶,用于高温干旱季节为蝎窝地面喷洒补湿。

5)手电筒,用于夜晚捕捉蝎子和检查蝎窝。

6)根据养蝎需要,还要备好小浅碟以及日常用的塑料盆、干湿温度计及药物等。

第三节 引种时间

蝎子属于变温动物,其活动受季节气候环境的影响,因此引种时应根据一年四季不同的气温变化和蝎子的生活习性，遵照其生长发育和繁殖规律，选择适宜的时机，以便提高引种蝎子的适应性和成活率。

一 春季引种

初春，蝎子经过越冬后，机体的营养已消耗很多，显得较瘦弱无力，而此时的气候温度又不稳定，忽冷忽热，其生理机能受到严重的影响，再加上冬眠后的蝎子因为机体消耗、缺乏营养而饥饿，常会出现暴饮暴食现象，易引发消化不良等疾病，造成大量死亡。因而养殖户引种应避开这段时间。进入晚春，随着气温回升、气候逐渐稳定，蝎子吃食逐渐正常且体力恢复，雌蝎开始进入孵化期。因而这时引种，不仅蝎子体壮、抵抗力强、死亡率低，而且引种1~2个月即可收获仔蝎，当年就可受益。这时引种运输对蝎子影响不大。因此，晚春为引种最佳时期。

二 夏季引种

夏季正是雌蝎产仔季节，如果引种临产蝎子，由于运输途中的上下颠簸和蝎子间的相互挤压，容易造成临产雌蝎流产和死亡，即使当时不出现问题，1个月内所产下的幼蝎成活率也很低。如果引种刚刚生产不久的雌蝎，由于产仔和背负仔蝎其身体十分虚弱、元气尚未完全恢复，此时长途运输也会使蝎子因挤压而死亡，况且引种刚刚生产不久的雌蝎，如果是常温饲养，也需要1年才能繁殖，很不划算。

三 秋季引种

秋季不冷不热，气温适宜，也不是雌蝎的产仔季节，这时运输对蝎子的影响不大，很适合引种。但是如果引种回去进行常温养殖，要等到第2年的7月份左右才可产仔；如果是采取人工控温养殖，则第2年春季就可产仔。因此，这个季节以引种青年种蝎为最好。

四 冬季引种

进入冬季，当气温低于10℃时，蝎子就要开始冬眠，不吃不喝不活动。这时引种运输，往往因为外界气温较低，对蝎子影响很大。若是室温养殖的蝎子，在运输时温差悬殊较大，也会造成其机能障碍而导致大量蝎子死亡，所以冬季也不适宜引种。

第四节 选种标准

种蝎是蝎子繁殖发展的基础，只有选择优良的种蝎，才能加快养蝎发展，保证蝎子正常生长发育和繁殖。

一 优良种蝎

目前对种蝎的要求国家还没有统一的标准，主要是依靠蝎子的体型、健康状况及一些经验来选择。但是由于其年龄阶段不同，其选择标准也有所差异，因此应根据实际情况择优选择。

选择标准为：雄蝎应挑选体格强健、个体大（体长在4.8cm以上）、体色光亮、活泼有力、行动敏捷、性欲旺盛，静止时后腹部卷曲的做种蝎；雌蝎应挑选个体大、皮肤有光泽、体呈浅灰色、体长在5.2cm以上、前腹部肥大、肢体无残缺的蝎子。一般来说，初产雌蝎体型较小、皮肤鲜嫩、活动灵活、捕食活跃；经产雌蝎体型较大，前腹部肥胖、饱满、活动较稳健、捕食较猛；被淘汰的雌蝎和瘦弱、病态蝎子的皮肤粗糙老化，活动较呆滞，捕食较迟钝。身体太短的雌蝎，即使是腹大、色正，也不要轻易挑选做种蝎用，因为其繁殖期往往较晚，而且产仔率也不高，不能满足做种蝎的要求。

二 野生种蝎

野生蝎子生性比较凶猛，若从野外捕捉回来放入人工创造的室（窝）内环境养殖，需要经过一定的时间适应，这期间其正常的生理活动必将受到很大的影响。由于人工养殖密度较大，往往容易引起同池或同窝的蝎子内部互相残杀、格斗，造成大吃小、强吃弱的相互残杀现象发生，因而养殖户最好到养蝎场直接引进经过驯养的蝎子留作种用。但是，如果是从本地附近野外捕捉的野生蝎子，由于气候环境等生态因素相同，能减少蝎子因生态环境改变对其生理机能产生的不良影响，从而提高成活率，同时也能减少很多费用，可以考虑作为种蝎用。

三 常温养殖种蝎和控温养殖种蝎的区别

常温养殖的种蝎和控温养殖的种蝎，两者之间不但在其外形上有许多不同之处，而且在其生理结构和机能等方面都存有差别。

1. 外形上的区别

从外形上看，控温养殖的种蝎附肢和末体黄而且透明，躯体黑中带黄而光亮，腹宽而肥胖，一般比常温养殖的蝎子宽2~4mm；控温养殖的蝎子性情温和，常温养殖的蝎子健壮、凶暴；控温养殖的蝎子肥大体重，常温养殖的蝎子相对体小瘦弱，通常控温养殖的成年蝎比常温养殖的平均要重0.17g左右。

2. 解剖结构上的区别

同龄期的蝎子在蜕皮前的填充期，由于控温养殖的蝎子生理机能加快，其储存营养的盲囊比常温养殖的蝎子个体大，其周围细胞组织也较常温养殖的蝎子发达。控温养殖的蝎子对温度的依赖性变强，对声响震动和光的反应变得相对平稳、不敏感，而常温养殖的蝎子尽管是人工养殖，其饮食习性有所改变，但与野生蝎子的生活规律是基本相同的。

因此，养蝎场引种时，要根据自己养殖场即将采用的养殖方式及方法来引种，若选用常温养殖方法，则从常温养蝎场引种；若选用人工控温养殖方法，则应从控温养蝎场引种。

第五节　种蝎的运输

种蝎的运输对提高种蝎的成活率极为重要，也是引种成败的一个重要环节。

一　运输工具

一般引种的装载工具为纸箱和无毒的纱网袋或编织袋，网袋大小可根据引种量而定，一般以每袋装500只种蝎为宜。运输时先把种蝎按3:1的比例（即3雌1雄）放进网袋后扎口，再放进事先将底部用吸过适量水的海绵或纸板、纸团等铺底（以达到减震、调节箱内湿度的目的）的纸箱内。另外，运输箱要具备良好的通风性能，可于纸箱上部四周打几个通气孔，以便通风透气（图4-6）。

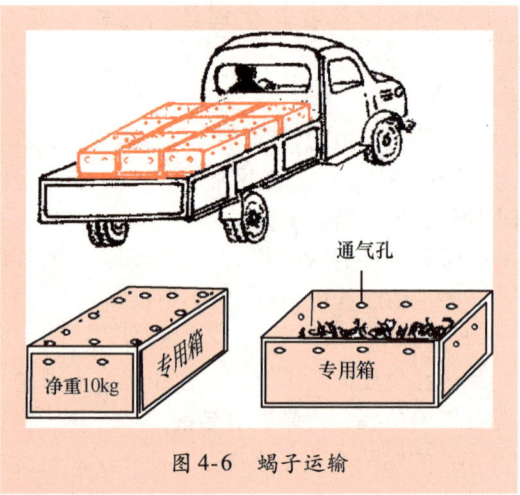

图4-6 蝎子运输

> 【提示】 运输蝎子时,专用箱上的气孔不能留得过大,以防蝎子从气孔爬出逃掉。

二 注意事项

1)引进种蝎时,如果路途较远,装载密度不可过大,否则易使蝎子挤压受伤,造成孕蝎流产或出现死胎。

2)运输过程中一定要避免剧烈震动,可在箱子之间填塞一些防震物体,如塑料泡沫、海绵等。

3)夏季运输要注意防高温,冬季要注意防寒。

只有把好以上几个环节,才能提高种蝎运输的成活率,达到养蝎成功受益致富的目的。

第六节 种蝎的投放

一 投放时间

刚捕捉回来的野生蝎子或新购入的种蝎,不要立即放出,要让蝎子在安静的地方稳定4h左右,一般下午7点左右放出。若在下午

3点后到达目的地，当天就不要放出蝎子，待第2天下午7点再放出。在投放种蝎以前，要反复检查饲养室（池、缸、箱、盆等）的保险性，确保无纰漏后再投放。

种蝎的投放季节，一般以4月下旬至5月上旬或7月初为宜。

二 投放密度

在蝎子的饲养过程中，投放密度很重要。密度过低，饲养室、池面积等得不到充分的发挥利用，影响经济收入，特别是人工控温的饲养室，其损失更大。而饲养密度过高，又因窝穴空间及食物的限制，蝎子间易发生互相残杀、弱肉强食等现象。因此，人工养殖蝎子所放养的密度，应根据蝎龄、季节、养殖方式和窝穴的设施等实际情况来考虑。

一般情况下，一个直径50cm、高60cm的缸可投放孕蝎500只左右，可投放商品蝎1 000只。每平方米蝎窝（室）可投放2～3龄蝎子约3 000只，4～5龄蝎子1 500只，6龄蝎子800只，种蝎600只左右，雌雄种蝎的比例以（3～5）:1为宜。对孕蝎，特别是临产蝎，最好用特制的有孔土坯或广口玻璃罐头瓶等作为产房单独饲养，群养时以每平方米饲养100～300只为宜。

另外，在投种时要注意，由于蝎子嗅觉比较灵敏，来自外地的蝎群，其蝎体都带有不同的气味，放在一起饲养容易互相咬斗、厮杀。因此，为避免此种现象发生，将蝎群投入饲养室后，可用白酒或香烟烟雾熏喷饲养室，然后将饲养室密闭数分钟，气味就相同了。投种时要尽量一窝（室）一次投够数量。如果是相同品种的蝎子气味一致，可一次一窝（室）直接投放，不用烟雾熏喷也可以。新养蝎户在引进种蝎时，还要注意调整窝（室）的温差，以免两地温差太大而造成蝎子冻伤、流产或死亡。

三 种蝎的分级

刚引进的种蝎，不要急于投放在池内，最好放在较大的盆子里，然后逐个进行"分级"（引进种蝎时，雄蝎已分离出来，可以投放池中），把孕蝎和待产蝎分开。孕蝎和待产蝎的区别方法是：用镊子夹住蝎子的尾根二三腹节处，蝎子自动卷曲，可观察其腹部。如果是待产蝎,可从腹部和两侧看见里面有大米粒状的胚胎,甚至从腹部能看到仔蝎背上的条纹。如果是孕蝎仅可看到雌蝎肚腹隆大,从腹部则看不到有大米粒状的胚胎形成,有时能模糊地看到棕黄色的卵粒。对于待产蝎,可将其放入装有3cm厚沙土的产仔瓶内。然后将装有待产蝎的产仔瓶集中起来,放在产仔室的产仔架上。把剩下的孕蝎投放在饲养池中饲养观察,每隔几天要"分级"一次。

四 投种后的管理要点

投种后,每天要对产仔瓶进行逐个检查,发现有产仔的,先把同瓶(窝)内没有产仔的雌蝎夹入到另一瓶中,让已产仔的雌蝎单独或两个放在一起饲养,并记录好产仔日期,以便日后管理。

饲养种蝎的蝎室(瓶、窝)要清洁安静,饲料要新鲜多样,温湿度要适宜,密度要适当放宽。这样,才能培养出身体健壮、品质优良的蝎群。

在恒温养殖条件下,雌雄蝎可以随时进行交配,一定要给其创造一个适宜的外部条件,如温度控制在28~38℃、微弱的光线、具有平坦坚实的地面和隐蔽安静的环境等,以使雄雌蝎能在良好的环境中顺利完成交配。交配后,最好将雌雄蝎分开饲养。

第七节 种蝎的选配

一 种蝎选配的原则

种蝎的选配直接关系到种蝎的延续发展,也关系到人工养蝎的产量、质量和经济效益。所以正确的选配、繁育,对于培育高产、优质、抗病性强的新品种,提高养殖效益,是十分重要的。

进行人工养蝎选配,首先要注意减少和避免近亲繁殖,把血缘关系远的仔蝎合并饲养。同时要经常和其他养蝎户交换同龄蝎,以达到远亲繁殖的目的。选配时,要挑选体型大、爬行快、身体健壮、背部有光泽、腹部饱满的雌蝎作母本,以外地引进的优良雄蝎作父本,进行杂交繁殖,并保留产仔多的种源和后代,逐步繁育成比较好的高产种蝎。

人工养蝎的选种选配工作,一般可以分为两个时期进行。第1次

选种宜在 4~5 龄中型蝎中进行。通过日常观察，挑选体型大、健壮活泼、适应性强、抗病能力高、感染后自愈能力强的个体，集中单室饲养，留做种蝎；第 2 次选种宜在种蝎交配产完第一胎后进行。重点是将产仔早、产仔率高、母性强、仔蝎质量好、后腹部大、身体强壮的雌蝎留作种蝎用。坚持逐年连续选种、选配，通过经常性地选优去劣，即可保持和发挥蝎子的优良特性，有利于人工养蝎的稳产高产。

二 交配方法

人工自然条件下养殖的蝎子，正常发育到 8 个月左右就趋于成熟，在适宜情况下就可以进行交配繁殖。

> 【提示】 在种蝎选配过程中，应注意将产仔率低、母性差，体型不符合要求的雌蝎及时淘汰。

交配的方法有以下 3 种。

1. 单交

单交是指将一雌一雄种蝎放入一个场所（如烧杯、罐头瓶内等）进行交配。利用此种方法进行交配繁殖，雌蝎的受精率较高，但是该种交配方法费工费时。

2. 复交

复交是指将交配过一次的雄蝎从配种蝎窝移走，再从另一个蝎窝提取一只雄蝎放入雌蝎窝内进行交配（复配）繁殖。该配种方式使雌蝎的受精率更高，但该种方式比较费时费工，有时会出现雌蝎拒绝雄蝎复配，而出现互相残杀的现象。

3. 混交

混交是指在一个蝎池或蝎窝内按照一定的比例放入雌雄种蝎，让其自由选择对象进行交配繁殖。该种方法比上述两种方法都省时、省工，目前国内大部分养蝎场都是采取此种方法进行交配繁殖。

> 【提示】 采取复交配种时，一定要注意雌雄蝎的比例。雄蝎太少，常造成雌蝎配不上种，雄蝎也会因为长期配种过累而死亡。雄蝎过多，会因为互相之间争夺雌蝎而互相残杀。实践证明，雌雄蝎的比例以 3:1 左右为最适宜。

第五章
人工养蝎的设施及饲养方式

蝎子不同于其他经济动物,它野性强、胆小、怕惊吓,易受周围环境因素的影响。所以,人工养殖蝎子,必须根据其生活习性,采用适宜的饲养方式,模拟自然条件下的蝎窝给蝎子制造栖息场所,以便其正常的生长发育和繁殖。

第一节 蝎子的饲养设施

一 野生蝎子的栖息场所

野生蝎子平时喜欢栖息在背风向阳的山坡石砾、落叶下,以及墙缝、土穴、荒地潮湿阴暗处,并经常外出晒太阳。这样的地方既有利于其隐蔽身体,防止天敌侵害,又有利于遮阴、避雨。

为了便于随时迁居,蝎子常常选择在有一定高度的山坡石缝中栖息。盛夏时节居住在山腰或山顶,以躲避雨水淹没,也相对凉爽。在其他季节,多迁至山脚,以调节温、湿状态。一般在天敌栖居及经常活动的场所,尤其是有蚂蚁经常出没的地方,很少有蝎子栖居。蝎子更喜欢栖居在有蜘蛛等蝎子的天然食物经常出没的地方。

蝎子为穴居,其一生绝大部分时间都在穴中度过。由于蝎子有随温、湿度变化而在窝内迁徙的特性,所以蝎窝要有很长的上下通道。在自然情况下,蝎窝是在石缝下的土层中横竖挖通而成,构成一个比较大的洞穴,不同的孔洞可以建造不同的蝎窝,可供不同季节使用,其结构有七部分组成(图5-1)。

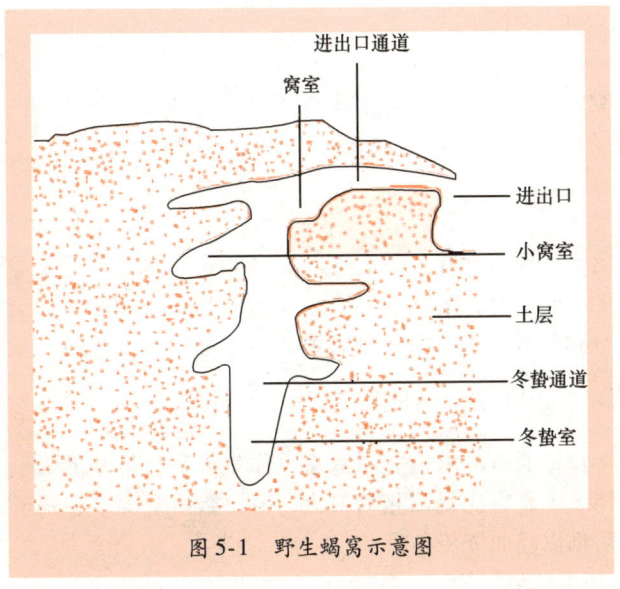

图 5-1 野生蝎窝示意图

1. 盖面

蝎窝的盖面,一般为深颜色的石板或大石块的延伸部分。蝎子往往在石板或石块下的缝隙内建窝栖居。石板的厚度一般为 3～5cm,不厚也不薄,这样既有利于遮蔽蝎窝,又能增强其吸热保温能力。

2. 进出口及通道

蝎窝的进出口往往开口较平,甚至略微向下,主要是预防雨水灌入窝内。蝎窝的开口处一般都比较隐蔽,或在被石块遮挡的地方,或在被草丛、泥石遮掩的地方。紧接进出口的就是一个几厘米甚至更长一些的进出口通道,通向蝎窝。进出口通道可谓石壁、硬土壁,也可能上面是石壁,下面是硬土壁的结构。

3. 窝室及繁殖室

窝室是成年蝎在非繁殖期栖居的地方,其大小随蝎子的个体而定,以能容身为度。蝎窝的构成与进出口通道一样,可能是石缝,也可能是土室。进入繁殖期的雌蝎,常在有土壤的地方进行拓展,再挖出或重新选择一个较大的空间作繁殖室,其大小一般

为身体的 4～5 倍。

4. 小窝室

小窝室一般是供成熟前的仔蝎居住用，与窝室和繁殖室相通，多为小的石缝隙。小窝室大小不一，较小的窝室面积大约只有 0.5cm²。

5. 冬蛰通道

从窝室区向下，有一条通道，长约 30～50cm，直通冬蛰室。当寒冷的冬季到来时，蝎窝上层的温度低于 10℃ 时，蝎子便会沿着冬蛰道下行到冬蛰室内进行冬眠。第 2 年起蛰后再由此通道上行至蝎窝内栖居。

6. 冬蛰室

在冬蛰室通道的末端有一窝室，称冬蛰室。是专供蝎子冬眠时栖居而用。冬蛰室比蝎窝相对要大，但比繁殖室要小，蝎子进入冬蛰室以后都以卷曲姿势冬眠。

二 蝎场的建造

1. 场址的选择

人工养蝎应根据各地、各养殖场（户）的实际情况，无论是选择室外或室内方式进行养殖，在场址的选择上都要注意以下几点。

1）要求背风向阳，场地一般应在山的南坡向阳面，同时要避开风口。

2）要注意周围的环境条件，通常应选择在梯田或相对平坦的山场，周围树木要远离蝎场 10m，避免遮阴或者树根扎入场区，以免影响蝎窝营建。同时，要求山坡的坡度不要超过 40°。

3）选场时应从空间上尽量避开蝎子的天敌，如蚂蚁、老鼠、蛇、蜥蜴等，以免将来造成危害。但其周围可以栽培一些绿色植物，以便利用这些自然条件孳生昆虫，供蝎子捕捉采食。

4）场地的土质应为壤土或沙壤土，其含水率为 6%～14% 最佳，以满足蝎子对温度、湿度的要求。土壤的酸碱度以中性或微酸性、微碱性为宜。

5）场地应选在高岗处，能顺利地排出积水，以免发生水淹蝎窝的情况，影响蝎子的正常生长发育和繁殖；蝎场的形状和大小要根据当地条件灵活掌握，不拘一格。但场地太小，不利于扩大饲养规模；大场地，要搞好规划，有计划有步骤地发展（图5-2）。

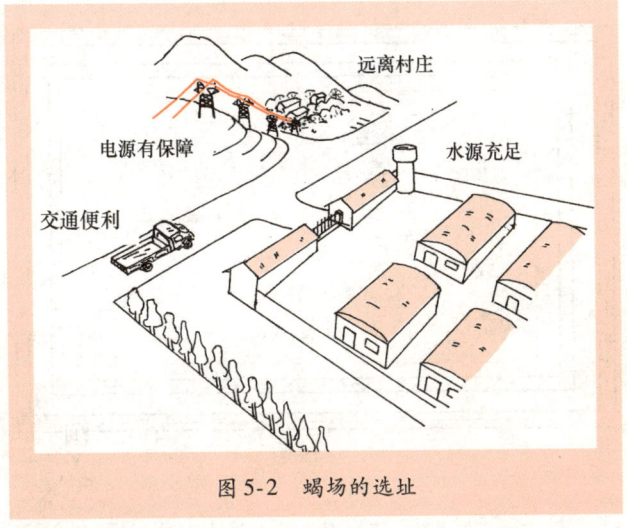

图5-2 蝎场的选址

2. 蝎场的围圈

较大型的养蝎场，一般都建在山脚下或远离闹市的郊区，其蝎场四周常采用双层围护手段围圈，即先在蝎场外围筑起一道防护围墙，再在防护围墙外增设一圈护养水渠，用以防止外人和各种天敌进入养殖场。

（1）场地围墙 围圈时先在蝎场外围用水泥、沙子、砖建造一圈矮墙，矮墙的下面必须建有50cm高的地下基础墙，以防老鼠等其他天敌从地下潜入蝎场内危害蝎子。地上的围墙要求高1.5~2m，在墙的内外两侧距地面40cm处要抹上一圈水泥墙裙。在南面墙下按照具体设计规划和地理状况，设排水闸门一个（低水位方向），以防蝎场在雨季里产生积水。排水闸应使用铁纱罩。

（2）护场水渠 在距离护场围墙的外侧1.5~2m处，用水泥、沙子和砖筑起一条深80cm、底宽60cm的护场水渠，其进水口距离渠底高60cm，出水口距离渠底高40cm，以使渠内的蓄水深度能经常保持在40cm左右（图5-3）。构筑水渠时，应准确测定场地坡度，以保证渠底水的深度一致。如果地形复杂，也可不修水渠。

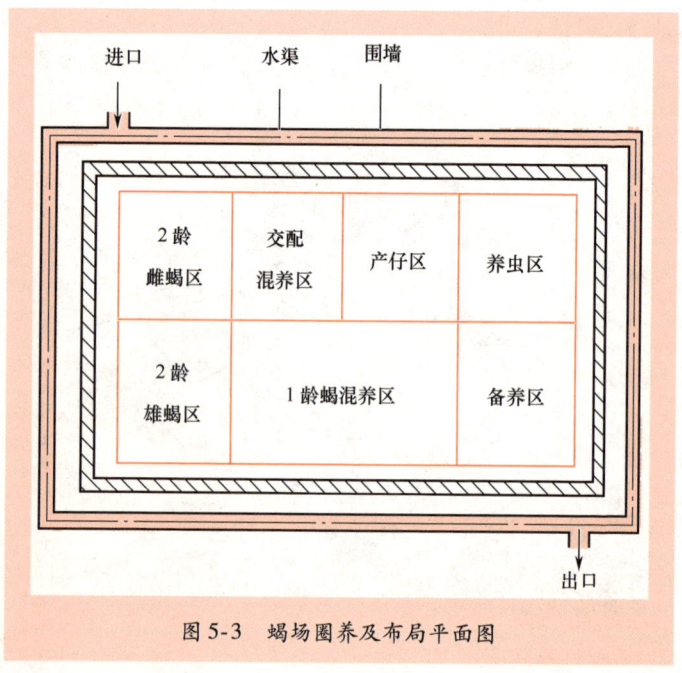

图 5-3　蝎场圈养及布局平面图

3. 蝎场的布局

人工养蝎场的设施建造和布局是否合理，关系到养蝎的成败。要想使各龄蝎都能正常地生长发育和繁殖，场区设施建造和布局都应接近野生环境条件。

一般待产雌蝎区的设施，应建在场内比较偏僻安静的地方，以避免孕蝎在产前产后受到惊扰；幼蝎区应建在待产雌蝎区的附近；商品蝎区的设施建造，可根据具体情况灵活掌握。但在各蝎房之间要合理增设排水渠道，能使雨水顺利排入护场水渠或墙外。

4. 绿化带

场内各蝎房之间应增设绿化带，可种植些豆科植物、杂草及野菊花等，起到引诱昆虫的作用。

5. 诱虫灯

蝎场内常采用黑光灯，将其安装在养蝎室的上面正中央。灯的上端要有防御遮护网，下端配设积水漏斗，漏斗的管状下端通入养蝎房，以便使诱惑的昆虫顺着漏斗口进入养蝎房，供蝎子采食。也可以将黑光灯安在养蝎房内，但晚上必须开着窗户，以便昆虫飞进养蝎房内。

三 蝎房的建造

养蝎房可以新建，也可以用空闲的房屋改造。改造时，首先要堵塞屋顶及墙壁四周缝隙、孔洞，把屋顶和墙壁四周用塑料薄膜裹严，并用长木条固定住。为便于房内加温和保温，可适当缩小室内空间，使改造后的屋顶距地面2m左右。地面要打一层混凝土或用砖铺好，以防止老鼠等天敌侵入。新建的蝎房，其大小要因地制宜，必须建造在地势较高、向阳的地方，地基要打牢、地面要坚固，房内必须有通风、保温等措施，并且要远离工厂、公路以及其他有噪声和经常使用农药、化肥等有污染源的地方。

四 蝎窝的建造

人工养殖蝎子，一般都是人为地给蝎子建造蝎窝，养蝎能否成功，关键看所营造的蝎窝是否符合蝎子的生活习性。目前，国内蝎窝的类型很多，但比较接近蝎子自然状态的蝎窝（室）主要有以下几种。

1. 平面池砖垛型蝎窝

该种蝎窝的制作方法是，在室内地平面上修建养蝎池，池壁高30~40cm，池壁内壁衬上一层塑料薄膜，以防蝎子爬上池壁而逃跑。在池子里面垒砖垛，每个砖的四角用稠泥垫高撑起，使砖与砖之间留1.5cm左右的缝隙。垛与垛之间可给蝎子留上下通道，通道宽2~8cm（图5-4）。但是砖垛不要太大，砖垛太大太高其缝隙较深，蝎子一般不会去深处栖息，因此不能得到充分利用，甚至造成浪费，增加养殖成本。

平面池砖垛型立体饲养法，可以充分利用有限的室内地平面多建垛体，既扩大了饲养面积，又能减少蝎子在砖垛缝隙内互相见面或接触的机会，蜕皮时被其他蝎子吃掉的概率就小，可大大提高养蝎的成功率。

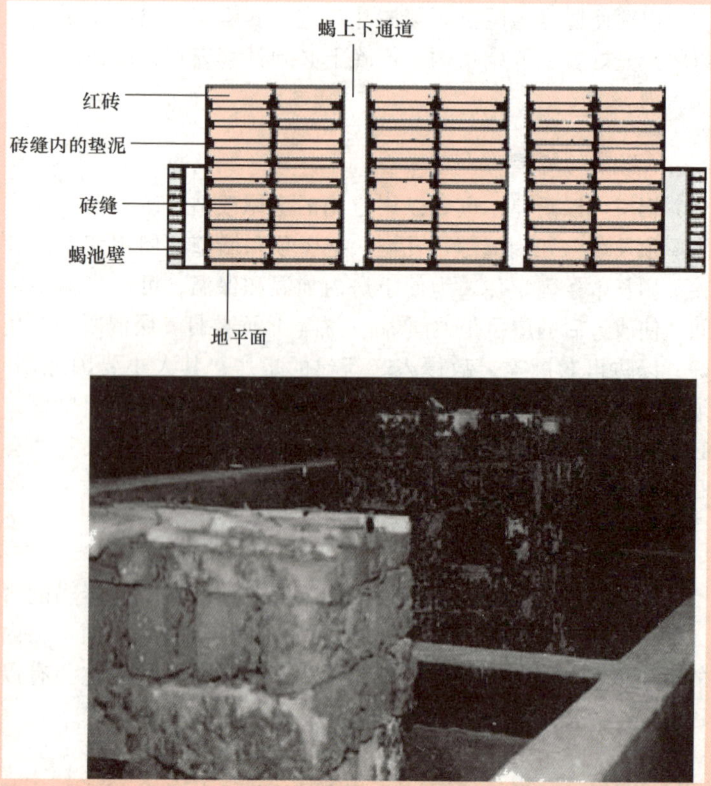

图 5-4 砖垛型立体饲养池示意图

2. 半地下式室外池蝎窝

该种蝎窝的建造适合室外养殖,其制作方法是,在室外选择合适的场地,蝎池一半建在地上,一半建在地下。地下部分修成半坡形小矮棚,春秋两季气温开始下降时,可在池上加盖塑料薄膜以增加池内温度,延长生长期;在冬季天气寒冷时,要保持池内温度不能低于8℃,以保证蝎子能顺利安全冬眠,防止冻死(图5-5)。

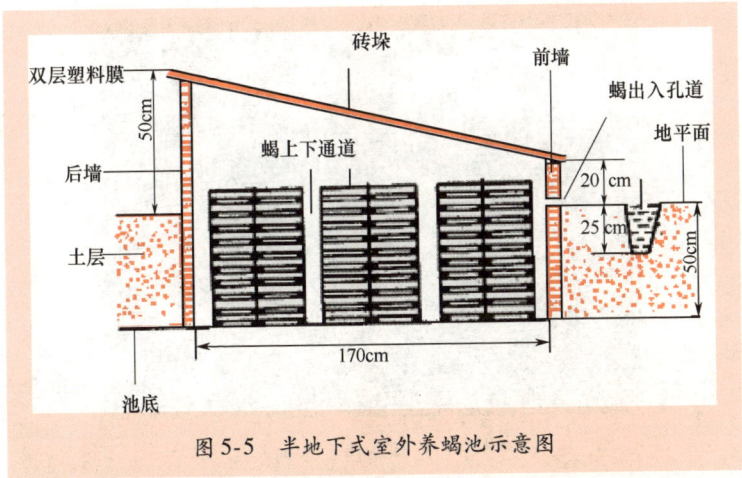

图 5-5 半地下式室外养蝎池示意图

3. 平面池瓦片垛型蝎窝

该种蝎窝的建造基本与平面池砖垛型蝎窝相同,其不同点是蝎窝垛体是用瓦片垒垛而成,其缝隙多、缝隙大,适宜饲养成年蝎和种蝎(图 5-6 和图 5-7)。

蝎窝的做法多种多样,可根据条件因地制宜、灵活多变地进行制作。但无论采用哪种方法制作,都要设法在其内部为蝎子创造一个便于生活的安静舒适环境。

无论采用哪种方法建造蝎窝,所使用的砖和瓦都必须是新的,旧砖、旧瓦或在室外堆积时间较长的砖瓦,容易受污染而带有致病菌等,在使用前一定要经过洗涤和消毒。

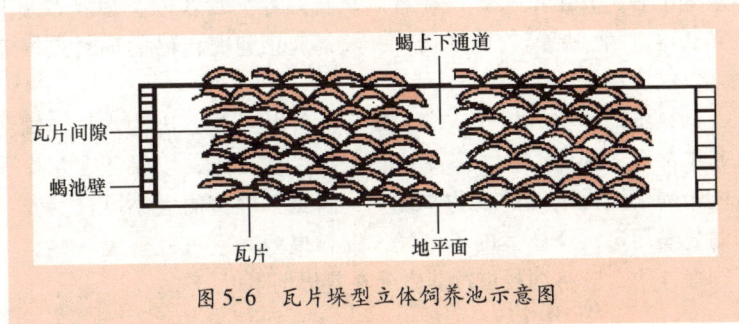

图 5-6 瓦片垛型立体饲养池示意图

图5-7 瓦片垛型立体饲养池

五 养殖场配套设施建设

养蝎场除了给蝎子提供适宜生长发育和繁殖的环境条件外,还要具有其他配套设施。

1. 饲料房

饲料房用于放置各种蝎子饲料(包括饲养饲料虫的饲料)、添加剂、复合维生素、饲料盆、水桶、用料登记本等。饲料房的大小要根据蝎场规模而定。

2. 饲料虫饲养室

蝎子是野生动物,其食物大部分来自于自然界的昆虫。但人工养殖蝎子时,其昆虫来源往往难以从自然界大量获取,必须靠人工饲养获得。稍有规模的养蝎场,一般都应该建有自己的饲料虫饲养室,以供应蝎子的需求。

饲料虫饲养室最好建成和养蝎房一样的结构,因为蝎子、饲料虫基本都有冬眠的习性,冬季应该采取加温措施,以保证在寒冷季节能给蝎子提供足够的食物来源。饲料虫饲养室的大小可根据养殖场的规模而定,规模大的养殖场,饲料虫饲养室可以建大一些。为了饲喂方便,应将饲料虫饲养室建在养蝎场附近。

3. 管理人员工作、休息室

对于具有一定规模的较大型养蝎场，饲养管理人员较多，应该给管理人员建造办公室、工作准备室、休息室和食堂等场所。这要根据其饲养规模而具体规划。

4. 蝎子加工室

蝎子养成后，除了种蝎和一部分鲜活蝎子及时出售以外，其他蝎子还要进行初步加工，一般会将其制成干品之后再出售。所以，大规模养蝎场一般都应该设加工室，以便对大量成蝎进行加工和取毒。加工室一般应配有水池、煮锅、灶台及各种必备的加工容器、机械设备、工具等，还应有相应的干燥室及包装、运输准备室等。

第二节　人工养蝎的方式

人工养蝎的方式多种多样，根据饲养的场地分室内养殖、室外养殖和半散养场养殖，室内养殖又分为盆养、池养、箱养和房养等；根据饲养规模分家庭庭院式养殖和大规模式养殖；根据控温情况分常温养殖和控温养殖。养殖场（户）可根据自己的具体情况，因地制宜地选择使用。无论采用哪种方式，都必须符合蝎子的生物学习性，尽可能地创造一个与野生蝎子栖息生活条件相似的外界环境。

一　家庭庭院式养蝎

家庭庭院式养蝎是指城乡居民利用闲置房屋或在庭院内、阳台上简单搭棚垒窝养蝎，由于饲养数量不多也称中小规模式养殖。利用庭院养蝎，其目的有多种。有的是为了探索养蝎经验，便于今后扩大养蝎规模；有的是因为看到养蝎前景，但受经济条件限制，没有资金建造蝎场、蝎房，只有在庭院内用小容器进行小规模式养殖，得到一定的经济收入。

>【建议】　建造规模养蝎场前，要先充分考查论证，有计划有步骤地发展，主要考虑市场销路、养殖技术等，然后再开始建造养蝎场。必须规划设计好，不可急于求成、盲目上马。

1. 瓶养

瓶养是指利用广口瓶（如罐头瓶）或一次性塑料杯子进行饲养

蝎子的一种饲养方法（图5-8）。一般在瓶子底部铺2cm厚的沙土，再放上一些碎石片、树叶，为蝎子创造一个天然栖息环境（蝎窝）。每只瓶（杯）内可以放2只雌蝎和1只雄蝎，让其自由交配繁殖，或每瓶内放一窝仔蝎，或放多只青年蝎进行饲养，每隔3天投食1次。有条件的，可以做一些立体架子，充分利用空间，把瓶（杯）放在架子上饲养（图5-9）。

图5-8　瓶养蝎示意图

图5-9　玻璃瓶立体架子养蝎示意图

该种饲养方式简单易行，适宜于初学养蝎者或科学实验研究。在规模养蝎场中，该法专供雌蝎繁殖用，常用普通玻璃罐头瓶，瓶底铺一层潮湿沙土，放几片新鲜树叶，可保持瓶内湿度，放入临产雌蝎，每瓶一蝎，直到产出仔蝎且仔蝎蜕皮后离开母背开始独立生活为止。该法有利于减少外界对雌蝎的干扰，避免仔蝎损伤，能够提高仔蝎成活率。

2. 盆养

盆养是指利用塑料盆或内壁光滑的瓷盆、铝盆等进行养蝎的一种方法（图5-10）。一般在盆底放3cm厚的老泥土或风化土，上面放置一些碎瓦片，若饲养仔蝎时，最好用纱网将盆口盖住，以防蝎子逃跑。盆养的投放量视盆的大小而定，一般口径60cm的盆，可以放养60只蝎子。

图5-10　盆养蝎示意图

盆养蝎子方法简便、易于操作，盆子方便移动，可以搭成两三层立体架子进行饲养，花费小，管理方便，但饲养量不大。该法适宜于初学养蝎者或刚从雌蝎背上分离下来的仔蝎的过渡饲养。

3. 缸养

缸养是指利用内壁釉光无裂口和裂缝的大口陶瓷缸进行养蝎的一种方法。因缸底光滑影响蝎子休息，可在缸底铺一层有机质土并夯实，或将黄泥土用水捣烂涂于缸底及缸壁的下半部分，放在阳光下晒干。也可直接在缸的底部铺垫一层5～10cm厚的风化土或壤土并夯实,上覆沙子,再在沙层上叠放一些瓦片、空心砖或小木板等,作为蝎子栖息活动的垛体。垒成垛体的瓦片等要一片一片地叠起,最好叠成宝塔形,片与片之间的四角可用水泥浆或黄泥粘接住,以增加蝎子栖息活动的空隙。垛体距容器的内壁约6cm,垛体上放置供水用的海绵。缸口可用铁纱或尼龙网罩盖好,以防蝎子逃逸及天敌入侵。为了保温,可以将缸的下部分埋在地下,但漏出部分必须距缸口30cm,以防蚂蚁等天敌入侵。为了方便从缸内取出瓦片,防止被蝎子蜇伤,可在瓦片上做两个小孔,用铁丝固定,并留有钩孔,取瓦片时用铁钩钩取(图5-11)。一般口径60cm的浅缸内可放养仔蝎300只左右。

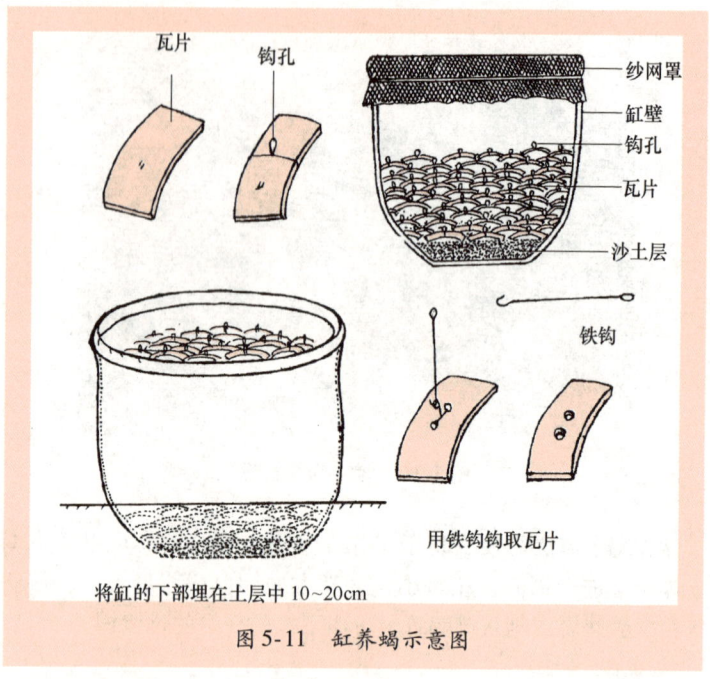

图5-11　缸养蝎示意图

该种方法养蝎的最大特点是操作简便,可用废弃的瓷缸养,减少投资,且缸的体积小、重量轻,搬运方便。但缺点是缸内通风不良,梅雨季节往往比较潮湿,易引起真菌性病原微生物的孳生,对蝎子的生长发育不利。本方法适合于饲养量少的家庭养蝎或饲养2

龄蝎。

4. 箱养

箱养是指利用废旧木板或三合板制成木箱进行养蝎的一种方法。一般做成高80cm、宽60cm、长100cm左右的木箱，当然箱子的长、宽、高可根据室内情况而定，也可利用废旧的木箱，但以便于操作管理为原则。为防止蝎子逃逸，可在木箱内壁四周的上部用塑料膜或玻璃条围覆一圈，也可以在木箱口周边用5cm宽的透明胶粘贴或钉上宽8~10cm的塑料板。在箱底铺垫3~15cm沙土或风化土，土上用砖、瓦做垛体，或用多孔的煤炭渣设置隐蔽场所，以供蝎子活动和栖息。用尼龙网纱或铁网纱作为箱盖，也可用中间凿成无数小孔的三合板、马口铁皮，作为箱盖（图5-12）。

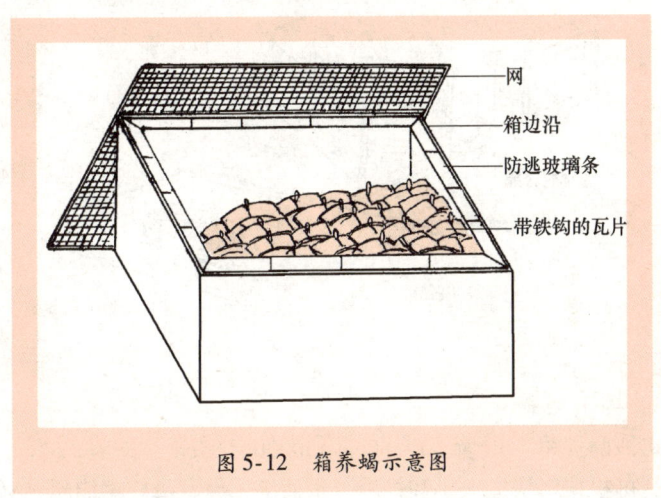

图5-12　箱养蝎示意图

该种方法养蝎简易，容易掌握，箱体可大可小，且轻便，搬运方便。与盆养、缸养相比，饲养量较大，若建成两三层立体式箱架，可充分利用空间，饲养效果更佳。

5. 池养

池养是指在室内或室外建造养蝎池进行饲养蝎子的一种方法。池养是目前大多数养蝎户（场）所采用的方法。蝎池可用砖块、土坯或石块砌成，池壁厚度10~15cm，池的外壁用泥或水泥抹光。在池正面和侧面的上半部应留30~40cm的池口，以供操作和观察。池口内上沿四周用5cm左右宽的硬塑料纸或5cm宽的玻璃嵌牢，以防蝎子外逃。在池内离四周15cm左右的地方用砖瓦、石块或土坯平垒起多层并留有1.5cm左右空隙的"假山"作蝎房，供蝎子栖息。"假山"的高度应略低于池口。也可以用多孔的煤渣堆砌作为蝎子活动栖息场所。池底可铺垫3～5cm的细土，最好采用老土墙基部的风化土，上覆沙子，沙子上放垛体，供蝎子休息，垛体与池内壁相距6cm。池子上罩尼龙纱并装拉锁作操作口，可将无蝇的蛹放进池内，待其羽化后供蝎子用（图5-13）。

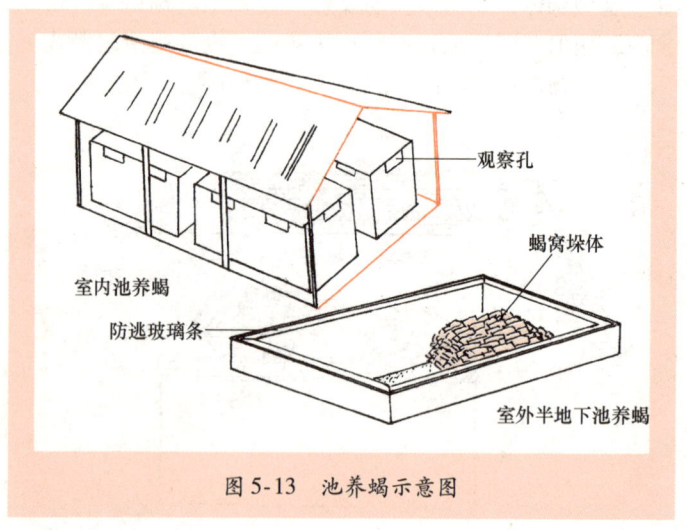

图5-13　池养蝎示意图

蝎池的规格一般宽60～80cm，高30～50cm，长1m左右，长、宽、高可根据蝎房的大小和饲养数量而定，但宽最好不能超过90cm，长不超过1.2m，太大不容易操作管理，且投放蝎子太多容易互相干扰和残杀；太小又浪费空间。蝎池与蝎池之间应保留80cm宽的工作道。通常1m³的空间可以饲养500只成蝎，若要扩大养殖规模，可把蝎池建成两三层的立体池，以增加养殖数量和提高产量。

池养蝎的饲养量较大，且投资少，又容易按不同蝎龄及其不同生理特点进行饲养管理，有利于蝎的生长发育和繁殖，所以这是目前最常用的一种饲养方法。

6. 坑养

坑养是指在地面下挖坑来建造养蝎池进行养蝎的一种方法。坑养多在北方地区采用，必须选择水位低、下雨易泄水的向阳高处挖坑。坑的深度一般约1m左右，坑的大小和体积以饲养蝎子数量而定。坑壁上部四周内围贴光滑的塑料布或玻璃条，坑底土夯实后铺上风化土或细沙土，其上再垒瓦片、碎石或空心砖、有孔煤炭渣等，以供蝎子栖息。在室外建造的养蝎坑，在坑的上面可搭个棚子，以防雨淋；在室内建的养蝎坑，只要加个木盖或铁盖即可（图5-14）。由于坑内温湿度适宜，因此采用坑养蝎比较接近自然状况。

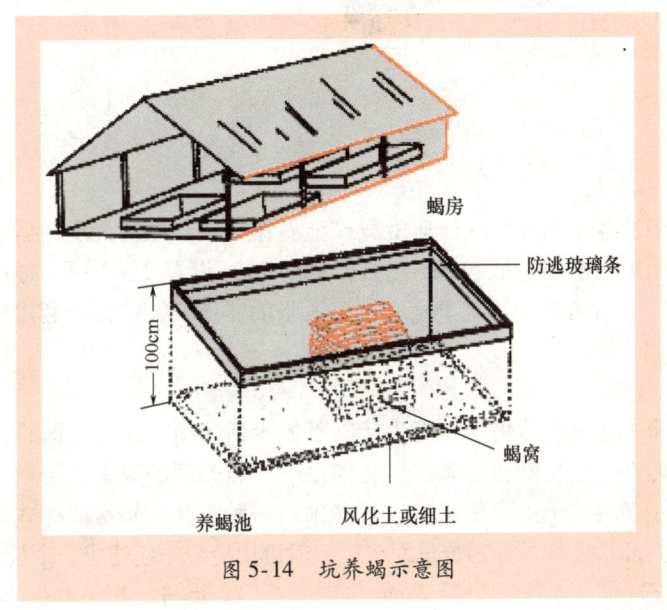

图5-14 坑养蝎示意图

7. 架养

架养是指用金属或木板作框架，可多层放置蝎箱或蝎盆进行养蝎的一种方法。架养适于室内养蝎，主要目的是为充分利用饲养室的空间，把养蝎箱或养蝎盆放置在架子上（图5-15）。箱或盆内放置多层瓦片，瓦片上放置几块吸水海绵，供蝎子吸水。夏季炎热季节，用喷雾器向瓦片上喷洒清水，以调节温度和湿度。为防止蝎子外逃，可用光滑材料在每层箱子的内侧上边周围钉紧。若池上设架，池养和架养相结合,形成立体养殖,可提高空间利用效率2~3倍。

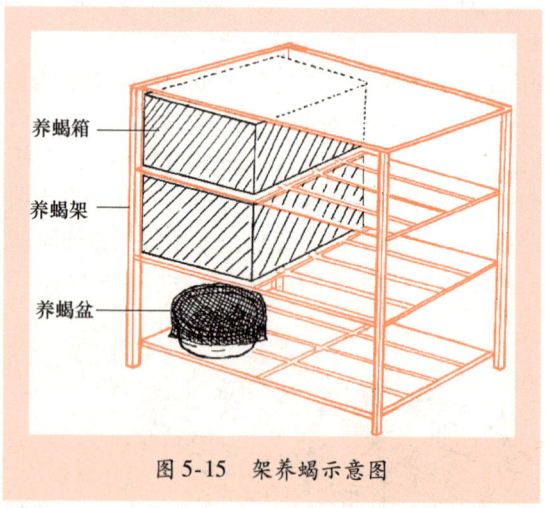

图5-15 架养蝎示意图

制造养殖架可采取任何木材或金属作框架,规格大小根据空间位置而定,框架一般长3m左右,宽0.5m,设置2~3层,每层高0.5m。该种方法很适宜于家庭住房紧张的养殖户,可充分利用空间增加饲养量。

8. 房养

房养是指模仿蝎子在野生状态下的生活环境,建造成既符合其生活习性、生长繁殖的条件,又方便于饲养管理的场地,场地内建造适于各种蝎子生活的蝎窝进行养殖的一种方法。蝎房的样式和大小视其环境条件及养蝎数量而定,一般可用砖或土坯建成一个长3~5m、宽3m、高2m,墙厚25cm左右的蝎房。蝎房的正中开一小门,供管理人员进出,墙中间开3~4个小窗口,以利于空气流通,但窗口要装窗纱,以防外界天敌入侵。在靠地面的墙壁上留一些碗口大小的洞口,或用土砖坯垒墙,砖坯之间留出宽0.5~2cm大小不等的缝隙,不要抹泥,墙内壁不要粉刷,以便蝎子出入,但墙外壁一定要用石灰等三合土密闭加固后粉刷。在距蝎房1m左右处挖一条宽0.6m、深0.5m的环房水沟,并保持长年有水,以防蝎子逃跑和蚂蚁入侵,同时还可以调节蝎房的湿度。另外,在房内应留一条宽0.6~

1.0m 的人行道，通道两边用土坯砖、空心砖或砖头、瓦块、大块煤渣垒成 1.6m 高的蝎窝，砖之间留有 1~2cm 的空隙，供蝎子栖息和活动（图 5-16）。房顶用廉价材料如瓦、纤维瓦等掩盖即可。墙壁四周贴上 15~30cm 的玻璃条或塑料薄膜，以防蝎子逃跑。晚上可将蝎房内灯打开，以引诱昆虫供蝎子食用（图 5-17）。

图 5-16　蝎窝垛体示意图

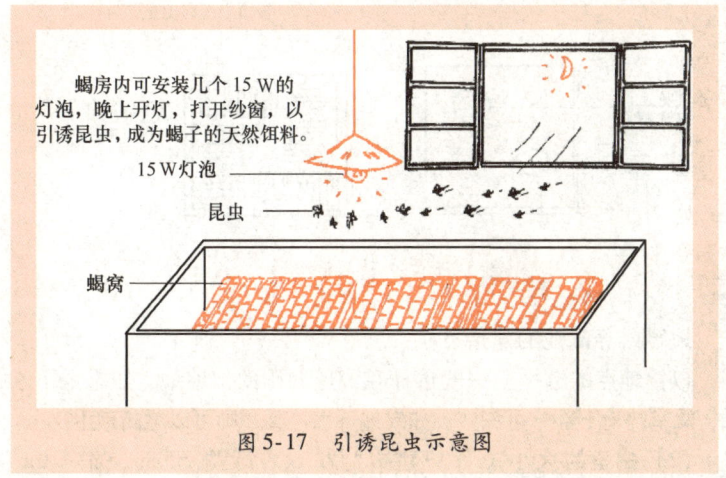

图 5-17　引诱昆虫示意图

房养蝎易于保温和控制各种生活条件,尤其适合较大规模和寒冷地方饲养。但建房成本较高,一次性投资较大,且每次翻垛要耗费较多人工,费时费工。

9. 地窖式养蝎

地窖式养蝎是指建造一个适宜于蝎子生长发育和繁殖的地窖进行养殖的一种方法。地窖式养蝎造价低,用砖、水泥建造即可,喂养和观察蝎子容易,捕捉方便。由于蝎窝有一部分建在地下,因此冬季保温、夏季防暑,并且蝎子可以在窝内自由选择所需湿度。干燥时可向下移动,潮湿时可向上移动,并便于大小蝎自动分离和清理(图5-18)。

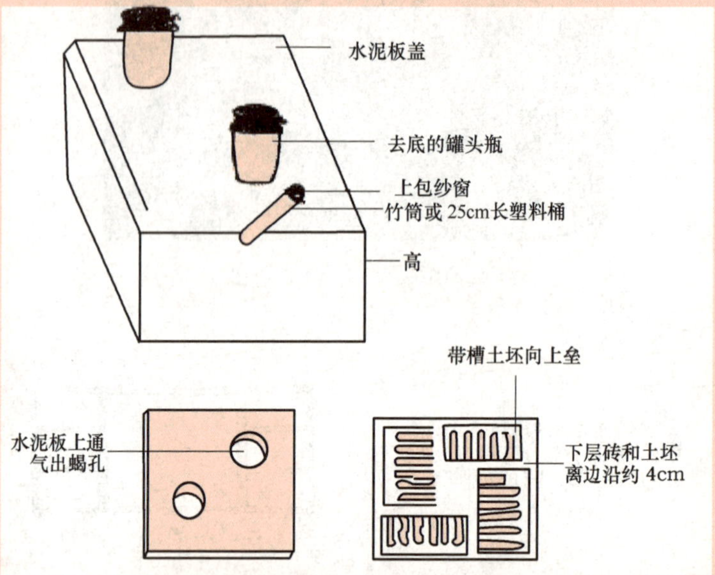

图5-18 地窖式养蝎示意图

地窖式养蝎池的建造方法:

(1) 地点的选择 一般选择在背风向阳的山坡地,如果地下水位低,蝎室的地下部分可深些;如果地下水位高,则可以增高地上部分。

(2) 蝎室的大小 一般建成为长55cm、宽55cm、深45cm左右,山坡丘陵地上部分高出约60cm,平原地区地上部分高出约30cm

的蝎池为宜。

（3）蝎室的内部构造 蝎窝的四周砌 2 层横向竖砖，并用水泥勾缝，室内池底夯实整平，以斜缝放一层砖后，用土坯斜放置建造蝎窝，层与层之间放上用硬泥弹成的小蛋条（直径 3～4cm，长 4～8cm）排成行后，并在每层上放些潮碎土，然后再放土坯，土坯上有窝或孔道，如此向上垒 4～6 层即可。

（4）蝎室上盖 整个蝎室上方加一个用水泥（内加铁丝或细钢筋）预制而成的水泥盖，厚度约 3.5cm，盖的中央通一直径 6cm 的大孔，在其一侧再通一直径 3cm 的通气出蝎孔。每孔用无底的玻璃罐头瓶或药瓶罩上，瓶口朝上，底在下。瓶的下口与盖板之间用三合土封严，上口用塑料窗纱扎紧。冬季寒冷时，瓶四周封土，瓶口用塑料布扎严，布上扎上一些小孔；春秋季再把土扒开；早春天寒，可用塑料布覆盖；暑天中午可在盖上洒 1～2 次水，以降温并增加湿度。蝎室的一角事先开一个直径约 2cm 的圆孔，并设法用物堵塞，为今后大小蝎分离做准备。

10. 假山养殖池式养蝎

假山养殖池式养蝎是指在温室中建造假山进行养蝎的一种方法。假山可用石片或瓦块等和壤土混合在一起建造（图 5-19）。假山下边应留一个宽 20～30cm 的活动场地，其边缘竖贴玻璃条进行全封

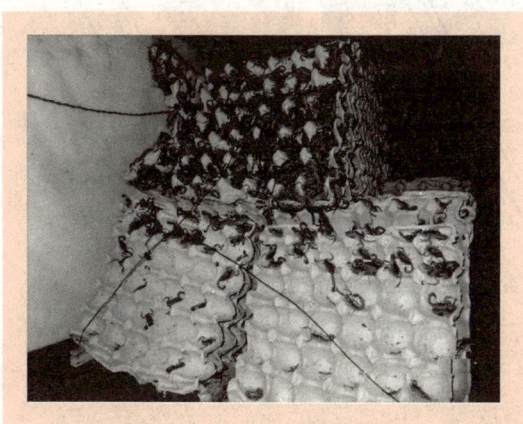

图 5-19　养蝎假山示意图

闭。假山中可种植一些灌木花草，经常浇水，以保持山坡湿润和花草生长，满足蝎子活动和饮水需要，同时也可以孳生昆虫供蝎子食用。因为假山体积较大，又接近自然状态，较适于大量仔蝎做窝和蜕皮。

二 散养场式养蝎

散养场养蝎是指在一个场地内建上不同的蝎房、蝎垛进行养蝎的一种较小规模的饲养方法。一般选择坐北向南、北高南低的坡塬地带建养蝎场，场周围用单砖围成长10m、宽10m、高0.8m的围墙，顺坡的南面墙下留个排水口，内用铁纱网钉严。围墙四壁上端（第1层砖下）镶嵌一圈防逃玻璃条，养殖场中央建造1个半露天塔式养室，四周围均匀分布8个土坯墙垛。土坯下先用砖砌成长2m、宽1.5m、高0.2m的垛基，上面码置长1.5m、宽1m、高0.5m的土坯墙垛，顶上用油毡覆盖。在墙垛与养室之间均匀分布4个石垒堆，其他空余地方可栽种些绿色植物、花卉等（图5-20）。每年在10月下旬应翻坯，捕捉土坯垛和石垒堆内的蝎子，将其移入养蝎室内，保证它们能安全越冬。入冬以前，应在养蝎室西、北两侧增设屏风障。

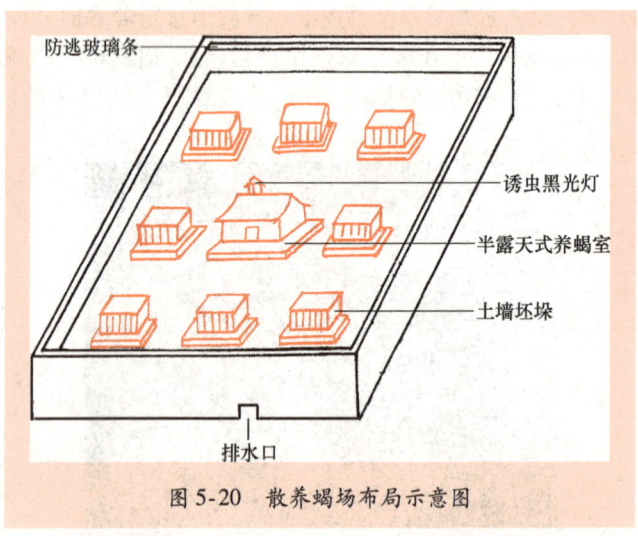

图5-20 散养蝎场布局示意图

该种养蝎方法设备简单，投资少，生活环境适宜，养殖量大，是家庭和养殖专业户比较常用的一种方法。

三 大规模式养蝎

大规模式养蝎是指为了充分利用空间及加温、控温措施,基本上采取立体箱或立体池养蝎的一种方法。关于立体箱或立体池的建造方法与家庭式养蝎中介绍的基本一致,其不同的是大规模式养蝎的箱和池的数量多,采取群居产房。由于饲养量大,投资多,需要优化选择各种设施、设备,以期达到蝎子生态环境的优点,既能让蝎子生长繁殖良好,又能为管理操作提供方便,从而降低单位成本,使规模养殖产生良好的效益。

1. **群居产房**

群居产房是指许多孕蝎同在一个蝎室内产仔的蝎房。为了提高蝎子的成活率,防止蝎子之间互相干扰和保证仔蝎安全,最有效的办法是给孕蝎提供一个适宜生产的环境——产房。通常使用槽穴泥板、坑板或巢格板做垛体。

(1) **槽穴泥板的制作方法** 先制作泥板磨具和槽穴压膜,而后再制作泥板。泥板磨具一般采取木质,内设有长45cm、宽30cm、高7cm的可活动木框,加上活动挡板后再套上长木条即可开始做泥板。槽穴压膜是在长45cm、宽30cm、厚2cm的木板上钉上两行足角形凸起的模型。足角向内,每行8个,足角凸起模型的前端伸直部分高1.5cm、长6cm、宽3cm。后端足角部分高2.5cm、长7cm、宽5cm,呈龟背状,将以上两种磨具制成后,将其打光磨滑以供使用。

取老墙土或老房土,用净水和成泥浆压入泥板模具内抹平,再用槽穴压膜在模具内泥板上压出足角形槽洞,待泥板稍干时再用压膜压一次,以便槽洞形成。成型的槽穴泥板晒干后即可使用。

(2) **坑板的制作方法** 先制作泥板磨具和槽穴压膜,而后抹制泥板。泥板磨具采取木质,内设有长50cm、宽40cm、高6cm的可活动木框,加上活动挡板后再套上长木条即可做泥板。坑穴压膜是在长40cm、宽40cm、厚2cm的木板上钉上小木块,每行7块,共7行,即49块小木块,小木块长3cm、高3cm、宽3cm。将以上两种磨具制成后,也应打光磨滑后再使用。

与槽穴泥板的制作方法基本相同,将成型晒干后的坑穴板码垛。垛与垛之间须用木块等保留3cm左右的缝隙,以便蝎子出入活动。

（3）巢格板的制作方法 巢格板的制作方法与坑板的制作方法基本相似，在此不再作详细介绍。巢格板是由两块同等大小，规格为长63cm、宽23cm、厚4cm带窝的水泥板内外合并组装而成的。其内板的内面光滑，外面均匀地做成12×6个，规格为长3cm、宽4cm、深3cm的凹形方格式蝎窝，周围从边缘往里凹1cm，制作高为1cm的周边围框。外板的内面制作成同样规格大小的凹形方格，外面在与内面方格对应的部位每隔一个方格再制作一个规格为1cm的圆形小孔，作为蝎子进出蝎窝的小门。把内外板对齐靠紧，再用6号钢筋夹子夹住，即可组成一个单元的巢格板蝎窝，而后再立起，一个单元连接一个单元做成垛体。

2. 母仔蝎自动分离装置

母仔蝎自动分离装置是指能将母蝎留在产房，大小幼蝎可通过不同缝隙小孔分离的一种装置。根据分离方法不同，将母仔自动分离装置分为筛分式分离装置和滤分式分离装置。

（1）筛分式分离装置 一般先用砖块砌长200cm、宽100cm、高50cm的长方形墙框为产房围墙。围墙四壁上端，镶砌防逃玻璃条一圈。产房中间用砖砌长150cm、宽50cm、高25cm的长方形砖框，砖框上盖以长75cm、宽50cm、厚6cm的水泥板两块，形成一个150cm×50cm的水泥面垛体平台。平台上下缝隙均需用水泥抹严，以防幼蝎乱钻。在紧贴平台四周边缘安装一个倾斜成30°角的玻璃滑梯，使幼蝎能滑入平台和防止其重新爬上平台。滑梯上镶嵌高20cm的小孔铁筛一圈，铁筛孔的长为2mm、宽为5mm，幼蝎可以钻过去，起到过滤筛分作用。垂直装置的小孔铁筛上端，平行装置宽15cm的玻璃条一圈，两边出檐，以防母蝎跨越铁筛或幼蝎顺筛上爬再次进入平台。平台上用坑板等做成产房。

（2）滤分式分离装置 这种装置是采用中间为产房两侧或一侧为幼蝎饲养室的装置。产房用坑板等做垛体，然后在产房两端或一端用砖搭成宽与砖宽相同、长与池内宽相同、高10cm左右的平台，平台上面和四周缝隙用水泥抹严。与平台平处的墙上留开2mm宽的缝隙，为过滤缝隙。幼蝎池与过滤缝隙的左右高做成60°角并镶嵌玻璃条，使之形成滑梯，可防止从过滤缝隙爬过来的幼蝎再爬回去。

起分离过滤作用。过滤缝隙宜用金砂布打磨光滑,勿使其断端有锐锋,以防母蝎钳肢嵌入后不能取出。

在实际生产中,以上两种装置起主要作用的分离筛和过滤缝隙(孔)是可以互相置换的,并且两种装置不仅可以在同一平面上用,而且可以在垂直位置的两层之间使用,所不同的是分离筛和过滤缝隙的区别。

上面介绍的分离装置是把幼蝎从产房中分离到幼蝎池的办法,但实际养殖中,幼蝎并不全能自动分离到幼蝎池中,产房内往往会有一部分幼蝎没有分离出去。为了保护产房内的幼蝎不被母蝎残食,可以利用产房内的垛体缝隙结构和2龄幼蝎在离开母背后喜静不喜动、爱避光钻小缝隙的特点,适当配置小缝隙和大缝隙垛体,以达到分离的目的。可在产房内的垛体上码置两种缝隙的垛体,一种是大缝隙的产仔垛体,垛体中坯板缝隙为2~3cm,供孕蝎产仔和休息;另一种是小缝隙垛体,垛体中坯板缝隙仅为2~4mm,供离开母背的2龄幼蝎栖息。这样的两种垛体码置在一起为一组,两组垛体的产仔垛体相对,中间留出40cm左右宽的孕蝎活动场地,组成孕蝎产室,小缝隙垛体也相对,中间留出40cm左右的2龄幼蝎活动场地,组成2龄蝎养室。这种"分组码垛,以垛作室"的方法,自然形成分厢的垛墙。为了防止老幼蝎之间互相窜越,可在每组垛体中间缝隙处垂直插入一排玻璃条,玻璃条外露部分与围墙上端防逃玻璃条相连接,使各室蝎子受到限制不能乱窜。再在蝎池两端配备筛方式或滤分式分离装置,这样就尽可能地把母仔蝎及时分离了。而对于上述这种产房仅可以供未分离幼蝎的情况下暂时性躲藏用,一到产仔结束后,应及时翻垛捕移母蝎另养。

四 塑料温棚式养蝎

塑料温棚式养蝎是指充分利用太阳能,通过提高和保持棚内温度而进行养蝎的一种方法。该种养殖方式投资不大,但实用,而且保温良好,有利于蝎子生长、发育和繁殖,是近年来比较流行和值得推广的一种养蝎方法。

1. 塑料温棚养蝎的优点

(1) 温湿度容易控制 据实际测定,在我国北方地区,最冷的12月至第2年2月,塑料棚内的温度比外界气温高10~15℃,通过

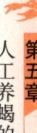

蝎子本身的温度和塑料温棚的保温作用，较容易把棚内温度控制在25～35℃。同时，能把棚内的空气相对湿度有效控制在60%～80%。这样的温湿度，完全可以满足蝎子生长发育和繁殖所要求的条件。

（2）有害气体含量容易控制　据测定，若使用无毒害作用的塑料薄膜盖棚养蝎，只要控制好通风换气，人进入棚内不感到刺鼻刺眼，棚内的二氧化碳、氨气等有害气体含量一般就不会超标。

（3）提高生长发育速度和繁殖效果　塑料棚控温养蝎，可大大提高蝎子的生长速度和繁殖效果。在原来不保温情况下养蝎，需要3年才能长成成蝎，而在塑料温棚内控温养殖仅需1年左右时间就可养成；由原来的每年繁殖1胎，可提高到每年繁殖2～3胎，经济效益可观。

2. 塑料温棚的建造

（1）选择好建棚的位置和方向　塑料棚设计除了参照上面养蝎场址选择的要求外，还应该注意以下几个问题。

1）尽量选择地势较高且干燥的地方，不仅能防止棚外脏水流入棚内，而且便于排出棚内薄膜滴落的积水，降低棚内的湿度。

2）要避开高大建筑物或树木，以防影响太阳光照射，影响棚内温度。

3）为了更多地利用太阳光照时间，塑料温棚一般以坐北朝南方向为宜，但由于各地冬季的主导风向不同，为了达到背风的目的，棚的朝向一般选择与主导风向正好相反，但最多不能偏离正南方向15°的位置（图5-21），因为偏角超过15°时，棚内获得的光照时间会明显缩短。

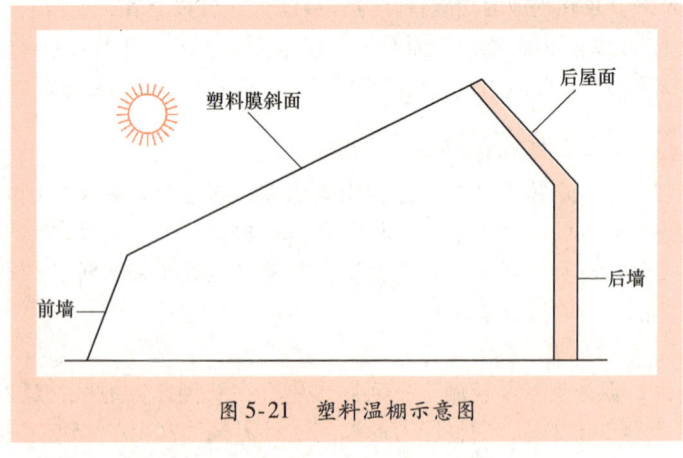

图5-21　塑料温棚示意图

(2) 塑料温棚建设的技术指标

1) 塑料棚面的角度。太阳光与塑料棚夹角的大小影响塑料膜的透光率,当太阳光与塑料膜夹角为90°时,透光率最高;夹角越小,塑料棚的反射越大,透光率越低。当然这个对全部用塑料膜覆盖的蝎房来说是不存在问题的,但对于用砖做围墙或有挡光的棚舍来说,若棚的坡度不合理,就会影响透光率。

2) 塑料膜的质地。塑料膜的质地对其透过率有很重要的影响。选择透光率较高,而对地面的长波辐射透过率较低的塑料膜,以便充分利用太阳能,并能有效地保存能量。

常用的塑料薄膜主要有聚乙烯膜和聚氯乙烯膜,两者的透光率很接近,但在保存能量方面,聚乙烯膜不如聚氯乙烯膜好。因此,在建造棚舍时使用聚氯乙烯膜较为适宜。塑料膜的厚度一般以0.2~0.8mm为宜。太厚,保温性能好,但透光差;太薄,透光好,但保温性能差。

(3) 通风换气的设置　排风口应设在棚顶的背风面,并高出棚顶50cm,排风口的顶部要装防风帽,进风口一般设在南墙,其大小以排风口的1/2为宜。根据热压换气原理,热空气(污染空气)由排气口排出,新鲜空气由进气口进入。这样既可以防止冷风进入,又可以使换气顺畅,达到通风换气的目的,还可有效地调节棚内湿度、降低棚内有害气体的含量。

排风口与进风口的数量可根据塑料棚的大小来定,大规模棚舍养蝎时,可多装几个进、排风口;小规模棚舍可少设几个进、排风口。

(4) 适宜的建棚形式与规模　塑料棚的形式多种多样,在养殖过程中,可根据实际情况选择,较为理想的是采用半砖墙塑料膜温棚和前后坡式塑料膜温棚养殖(图5-22)。半砖墙塑料膜温棚适宜在平地上建造,而前后坡式塑料膜温棚适宜在山坡上建造。

虽然塑料棚的建造形式多种多样,但无论如何建造,都应遵循以下原则:一是要有加温和保温措施;二是要经济实用,降低成本;三是能保持较好的通风和挡雨作用;四是能防止老鼠、蚂蚁等天敌的入侵;五是要建造结构科学合理,便于管理。

图 5-22　前后坡式塑料膜温棚

3. 塑料温棚的管理要点

塑料温棚内的饲养管理应遵循养蝎的一般管理原则和方法，若是控温养殖，还应遵循控温养殖的管理方法，但同时应根据塑料温棚的特点进行针对性管理。

（1）塑料膜的选择　塑料膜的选择对温棚养蝎的效果影响很大。要选择无毒膜和无滴塑料膜，若采用普通的有滴塑料薄膜覆盖，在密闭条件下，特别是控温条件下，塑料膜的内表面会形成一层细薄的小水珠。水珠为冷凝水，对太阳光有散射和吸收作用，会使室内的光透量减少30%左右，严重影响室温的提高。另外，水珠凝聚到一定程度时会滴落，对蝎子的生活环境造成影响。

（2）扣膜的要求　无论是新建的，还是在原有旧房基础上改建的，扣膜时都要确保温棚严密、牢固。在塑料膜与地面（墙）的接触处，要用泥土压实，以防止贼风进入，发现破漏时及时粘补。

（3）通风换气时间及配备草帘　通风换气一般在中午前后进行一次，通风时间以 10～20min 为宜。当然还应根据室内温湿度的情况及饲养密度大小来具体确定通风的时间及次数。

一般情况下，我国大部分地区昼夜都有温差，少则几度，多则十几度，甚至二十多度，对蝎子的生长发育和繁殖具有一定的影响。为了减少温棚昼夜间的温差，夜晚需用草帘或毛毡毯盖在塑料膜的表面，当白天气温升高时，将其卷起来固定在棚顶部，下午再放下。如气温过低时，可临时加厚草帘或毛毡毯（图5-23）。

图5-23　塑料膜温棚上的保温层

（4）把握揭棚时间及塑料膜清洗维护　进入温暖季节，当室外温度稳定保持在25℃以上时，可逐渐扩大揭棚面积，揭棚时只能把两侧塑料膜揭去向上卷，顶棚留作挡雨，若有半墙的只需注意通风即可。若是夏季，中午日照过于强烈时，最好在顶棚加盖黑色遮阳网。

平时要经常巡视温棚外有无破裂和漏洞，如发现及时粘补。扣膜期间要经常擦抹塑料薄膜表面，以保持膜面清洁，保持良好的透光率。

> 【提示】　无论使用哪种方法养蝎，都必须因地制宜，给蝎子创造一个接近自然的生态环境，精心饲养管理，确保蝎子正常生长发育和繁殖。

第六章
人工养蝎的饲养管理

蝎子野性大,对环境条件要求较高,因此在养殖时必须遵照蝎子的生长发育、繁殖规律以及生活习性,进行科学饲养管理,才能取得较好的收益。

第一节 蝎子饲养管理的一般原则

一 对饲养管理人员的要求

生产实践表明,要养好蝎子,首先要提高饲养管理人员的综合素质。因为饲养蝎子不仅是一项技术性较强的工作,而且其日常管理工作也比较繁杂,这就要求饲养管理人员不仅要热爱养蝎事业,对工作积极负责,而且还要具有良好的专业知识和管理技能,只有这样才能做好这项工作。

在日常饲养管理工作中要求饲养管理人员要经常对蝎群进行细致认真的观察,及时发现问题,及时采取有效措施。观察内容主要有以下几个方面:一是观察蝎室(窝)内的温湿度变化、光照、通风情况,发现蝎群有不适的症状,应立即纠正;二是观察蝎窝内的饲料虫及饲料是否有剩余,是否有死饲料虫或变质饲料,有无缺水,有无污染情况等;三是观察蝎群的健康状况,看蝎子的体色是否光亮,行动是否敏捷,进食是否正常,粪便是否有变黑现象等。

此外,还要做好日常的记录。因为蝎场的饲养管理工作具有长期性和连贯性,只有在饲养管理过程中不断吸取教训,总结经验,从中找出规律性的东西,再应用到养蝎实践中,才能不断提高养殖技术水平。而数据是来自生产的积累,是实践的总结,是养蝎成功与否的依据,所以,饲养管理人员要养成良好的做记录的习惯,在养蝎过程中做好详细真实的工作记录。

二 适宜的饲养密度

为了减少蝎群间的相互干扰,避开蝎子互相残杀的本性,为蝎群创造一个适宜的生活环境,人工养殖蝎子,除了要限制蝎子的活动区域,通常可采用密封、固定、限量的大棚式养殖方法,或是采用盆养、瓶繁、池育的"三分"模式,集盆、瓶和池于一体养殖以外,还必须控制好蝎子的饲养密度。因为饲养密度过高,不仅影响蝎子的正常生长发育,还会影响蝎场的空气环境条件,蝎群容易出现集结成团,挤压受伤,甚至引发互相争窝、打斗和互相残杀的种内竞争现象。但是如果饲养密度过小,则饲养场地设施等得不到充分利用,往往造成人力、物力和时间的浪费,增大养蝎成本。

合理的饲养密度要根据蝎子的龄期和窝穴的结构以及养殖的方式而定。一般情况下,每平方米饲养的密度为2~3龄蝎8 000只左右,4~5龄蝎4 500~6 000只,5~6龄蝎3 000只左右,成年商品蝎2 000只左右,种蝎600~800只。如果是临产母蝎最好以不超过600只为宜。

若蝎池内密度过大,应该扩大养殖面积、增加蝎池数量,或把商品蝎加工储存、"挤"出一些蝎池来,或暂时增高垛体、提高垛体利用率,待新的蝎池建好后,再转移过去。若饲养密度过低,可将蝎群适当地集中起来饲养,但要使蝎子的蝎龄及大小尽量一致。投放蝎子时,最好一次投放,不要分批、分次投放。

> 【提示】 为了防止蝎子发生互相残杀现象,投放时,可在蝎池上喷一口烟或酒,以消除它们之间的异味。

三 科学投食

蝎子是一种肉食性动物,野生状态下主要以节肢动物为食,尤其喜欢食取高蛋白、低脂肪、体软多汁的昆虫幼虫。蝎子对食物的选择性很强,一般喜欢食取含水量适中的昆虫,含水量过高或过低,蝎子都不爱吃。对有腐臭和特殊气味且呆滞、死亡的昆虫也不爱取食。在人工养殖蝎子时，所投食物是蝎子吸取营养物质的主要来源，因而是蝎子生长发育、交配和繁殖等生命活动的前提条件。蝎子若得不到充足的食物，则生长发育缓慢，身体不壮，而且容易引起自相残杀；若食物单一，蝎子营养不全，则蜕皮困难；若投食过多，则造成浪费，在温度低的时候还容易引起蝎子腹胀而导致死亡，所以应科学地给蝎子喂食，让蝎子吃好吃饱。

一般的鲜活饲料虫类可直接投放在蝎池内供蝎子任意捕食，非昆虫性配合饲料可放在食盘、水盘或塑料布上供蝎子食用。食物投喂点应做到高密度、全方位，以便使蝎子无论在何时何地都可以吃到可口的食物。

> ⚠ 【注意】 投放蝎子饲料时，不可直接投进蝎池、蝎窝里，以防剩余食物腐烂，污染蝎池。水盘内的衬垫物应经常清洗、更换。食盘和水盘还要定期晾晒、消毒，以防病菌、微生物等孳生。

投食必须定时、定量，时间宜选在傍晚，投食后2h左右，应及时检查蝎子吃食情况，若不够，最好再补投一些。第2天早上清理食物时，如果虫类有死亡应及时拣出，并取出食盆和水盆，掉在池内的饲料也应拣出，以保持池内清洁。投食的次数根据气温高低来决定，一般28~39℃时，1天投喂1次；25~28℃时，2天投喂1次；20~25℃时，3天投喂1次；20℃以下时不进行投喂，下雨天少喂或不喂。

此外，在投食时还要做到勤看、勤观察，注意蝎子的一切情况。观察所养蝎子的强弱、蝎龄的变化以及蝎群的新老等。体格健壮的蝎子应多用动物性和配合饲料搭配饲养，体弱的蝎群宜多供给营养较丰富的动物性滋补饲料或饲料虫。如果是刚引进的新蝎群，则宜多投喂动物性饲料，促使其尽快适应人工养殖的生活环境。另外，不同蝎龄的蝎群，应按不同蝎龄的特点和生长发育规律选择适宜的饲料，这样就可以收到事半功倍的效果。

四 科学喂水

水是蝎子新陈代谢不可缺少的营养物质之一，在给蝎子喂水时

最好不要直接投喂。蝎子虽然喜欢潮湿的环境，但是对于浸水也是极度害怕的，如果将盛有水的盘子放入蝎池内，蝎子很容易将水洒出，因此给蝎子喂水时，养殖场（户）可因地制宜地创造供水的方法，如可用吸足水的海绵块放在小塑料盘中，再将小盘放在蝎子经常活动的场地上；也可用薄胶纸作托盘，把海绵放在窝穴瓦片或石块上，或蝎子能到达的地方；还可用广口瓶装水，水中放置粗厚布条，布条的一端在瓶内水底部，另一端悬挂在瓶外，这样水就会沿着布条缓慢渗出来，让蝎子吸吮水分（图6-1）。此外，若用玉米芯浸水后放入蝎子栖息的地方，蝎子也会去吸吮水分。玉米芯内水分干后再浸水放入，可以反复使用。一般每天下午6点左右进行1次饮水的更换。另外，蝎子也可以从自身生长的土壤中得到水，为了避免水分的蒸发，可以在每天的上午8点用喷壶均匀地在蝎子经常活动的场地上喷洒清洁水，以满足蝎子对水分的需要。

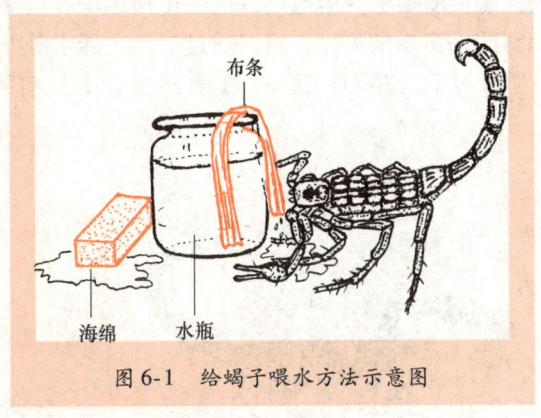

图6-1　给蝎子喂水方法示意图

五　温度与湿度的相互协调

蝎子的生长发育是周围环境条件综合作用的结果，养蝎能否取得成功，关键在于能否创造一个适宜其生长、发育和繁殖的生态环境。影响蝎子生长发育的生态因素主要有温度、湿度和食物等，温度和湿度是相互影响的。一般来说，温度越高，水分蒸发越快，湿度往往较小。一般有低温高湿、低温低湿、高温低湿、高温高湿四种不利于蝎子正常生长发育的环境。低温低湿，蝎子生长发育受到抑制；低温高湿，蝎子易患真菌性疾病或腹胀病；高温低湿，易引起蝎子慢性或急性脱水而死亡；高温高湿，饲料易腐烂变质，蝎子易患真菌、细菌性疾病。若自然温度、湿度达不到相互协调，就需要人工进行调整。

在实际操作中，湿度大小应与温度高低成正比，即温度较高时，湿度相应的大些。温度高了，若不及时加湿会出现干燥现象；湿度增大了，若不及时加温蒸发必然会出现高湿现象。在加温的同时，要经常观察湿度的变化，在增加湿度的同时也要经常观察温度的变化，使二者相互协调。

蝎子最适宜的生长活动温度是 25～39℃，最适宜的繁殖温度是 32～39℃，43℃以上开始死亡，20℃以下生长缓慢，7℃以下停止活动，-5℃有冻死的可能。养蝎空气湿度以 70% 左右为宜、土壤湿度以 15% 左右为宜。

要想升高蝎窝或蝎房内的温度，可通过加温等方法来解决；若是要降低蝎窝或蝎房内的温度，可以通过通风、洒水等办法来解决（图6-2）。若增加空气相对湿度，可在地面或墙壁上喷洒清水，冬

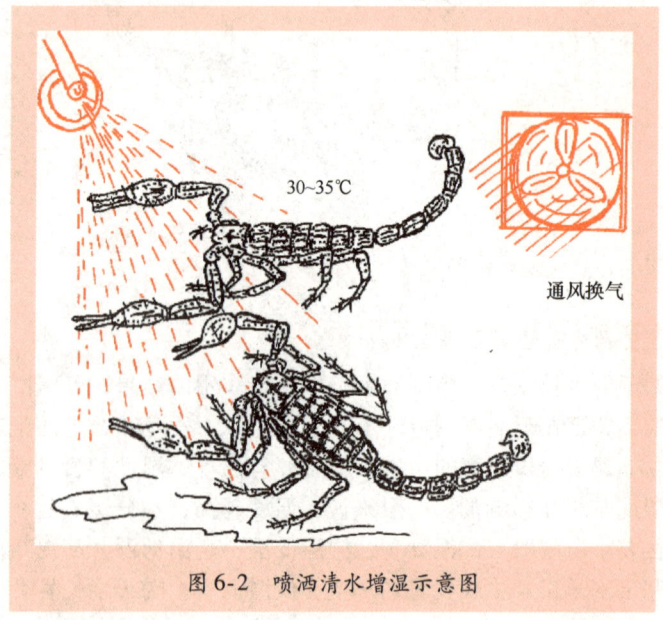

图6-2 喷洒清水增湿示意图

季可在火炉上放水壶或水盆，靠蒸发水分增加空气湿度；若减小空气相对湿度，可用开门通风等措施来解决。要想调节池土湿度，一般多采用在饲养池的地面，铺上一层大于5cm厚的无黏性沙土，在沙土的上面用泥土等杂物垒成小假山，在假山之间置以空隙，用水管把水注入空隙下面的沙土中，使水分慢慢渗透到其他各个部位，让底层沙土的水分慢慢挥发扩散到蝎室的各处，这样既能调节空间湿度，也能调节池土湿度，不会因为水分太多把蝎子淹死，也不会因为黏土粘住蝎子的足须，使之达到协调。

六 及时分群饲养

蝎子的生长速度与其摄食能力密切相关，即使同一窝蝎子其生长速度也有很大差异。在同一个蝎池内常常出现为了食物而互相争斗，甚至互相残杀的现象，个体健壮的争的食物多，生长速度快，个体弱小的，争不上食物而生长受阻，有时还会被健壮的蝎子吃掉；食物缺乏时，正在蜕皮的蝎子和弱小的幼蝎往往会被饥饿的蝎子当做食物吃掉。因此，在饲养管理过程中，为了减少此类现象的发生，可以多准备一些场地或设备，及时分群饲养。

七 防止逃逸

蝎子一般白天躲在瓦片或砖头缝里栖息，晚上外出活动觅食，并四处行走寻找逃跑的机会和地方。所以，要时刻防止蝎子外逃，尤其是幼蝎，虽然体小，但攀附能力强，容易逃跑，同时幼蝎体小质嫩，逃出后难以捕捉。为了防止蝎子外逃，可采取下面几种有效措施加以防范。

1）无论是盆养、箱养，还是池养、缸养、房养，都应在其四周装有光滑的防逃设施，一般多采用四周粘贴防逃玻璃条（图6-3）。盆养、缸养的内壁应光滑干净，若过于粗糙，必须用透明胶围贴好。

2）在养蝎池四周地面上，或者在池子墙壁顶上，或蝎房、蝎场外四周，用水泥修一圈水槽——"水围城"，始终保持沟内装满水，因蝎子怕水，所以欲逃跑的蝎子见水后就后退，以此防逃。

3）无论是盆养、箱养，还是池养、缸养，其上口都必须采用塑料纱布或不锈钢做成不同规格的纱罩上，为便于投食、供水和清

理卫生，可在适宜的地方安上 20～50cm 长的拉链，这种方法虽然给操作带来不便，但它既可防逃又能防天敌入侵，一举两得。

图 6-3　安置玻璃墙防止逃跑

4）蝎子群居时，常会聚集在池（箱）的一角互相垒起，特别是新放入池（箱）中的蝎子，常常形成自然梯子，互相吊接着，一个攀一个翻越玻璃屏障而逃走。所以，除了安装玻璃条外，还应把门窗四周的缝隙装垫上海绵或橡胶衬垫，这样即使蝎子逃出池子也逃不出门，然后白天再仔细观察室内及墙壁各个角落有无在逃的蝎子，发现后及时捉回蝎池即可。

第二节　蝎子的营养与饲料

自然状态下，蝎子可根据自身的需要自由采食昆虫或其他食物，以此来满足其生长发育和繁殖等生命活动。而人工饲养的蝎子，为了获得理想的生产效果，必须根据蝎子不同生长和生产阶段的营养需要供给价值完全的饲料。

一、蝎子所需的营养要素

蝎子在其一生过程中，进行着生长、发育和繁殖等一系列生命活动，既要维持自身生命，又要繁衍种群后代，蝎子进行这些生命活动的前提条件是必须具备良好的营养物质。没有充足的营养物质供给，蝎子就不会正常生长发育，因此也就无法正常繁殖。蝎子所需的营养物质主要包括蛋白质、脂肪、碳水化合物、维生素、矿物质和水，统称为六大营养要素。这些营养物质必须不断地从饲料中摄取。

1. 蛋白质

蛋白质是一切生命的物质基础，在蝎子生长、繁殖等进程中起着极重要的作用。蝎子体内的一切组织器官，如肌肉、内脏器官、神经、血液和毒液等，都是以蛋白质为主要原料构成的，蛋白质还是某些激素和全部酶的主要成分。蝎体组织干物质一半以上是蛋白质。在蝎子的代谢过程中，蛋白质有着不可代替的重要作用。由于蛋白质在蝎子体内数量大、种类多，而且会在旧细胞的死亡和新细胞的新生过程中大量消耗，因此，蛋白质是蝎子营养供应的第一要素。若蛋白质供应不足，就会导致蝎体营养不良、体重下降、繁殖力低下、免疫力减弱等。但蛋白质过量，不仅浪费饲料，还会引起蝎子消化机能紊乱，甚至中毒。

构成蛋白质的基本单位为氨基酸，共有20多种，包括必需氨基酸和非必需氨基酸两大类。非必需氨基酸在机体内可通过其他氨基酸的氨基转换或由无氮物质和氨化合而成。饲料中若缺少非必需氨基酸，一般不会引起蝎子营养失调和生长停滞。而必需氨基酸不能在机体内合成，也不能由其他氨基酸代替，它们是动物生命活动所必不可少的，必须经常由饲料提供。饲料中若缺少必需氨基酸，即使蛋白质含量很高，也会造成蝎子营养失调、生长发育受阻、生产性能下降等不良后果。蝎子所需的必需氨基酸主要有10种：赖氨酸、苏氨酸、缬氨酸、亮氨酸、异亮氨酸、色氨酸、精氨酸、蛋氨酸、组氨酸、苯丙氨酸。

蝎子对蛋白质的需求，在一定程度上依蛋白质的品质来决定。蛋白质中的氨基酸越完全，比例越恰当，蝎子对它的利用率就越高。由于各种饲料中蛋白质的必需氨基酸的含量是不同的，所以，在生产实践中，为提高饲料中蛋白质的利用率，常需多种饲料配合使用，

使各种必需氨基酸互相补充。若给蝎子单独饲喂黄粉虫、地鳖或蚯蚓，蝎子所获得的氨基酸数量可能就不足，会导致氨基酸不平衡，因而蛋白质的利用率不高，时间长了，很容易引起蛋白质缺乏症，直接影响蝎子的正常生长发育和繁殖。

2. 脂肪

脂肪是蝎子不可缺少的营养物质，主要供给蝎子能量和必需脂肪酸，参与形成细胞膜的结构，同时还与蝎子的冬眠有重要关系。脂肪是蝎体内的主要储备能源，广泛分布于机体的组织中，在盲囊中的含量最高。脂肪所含的能量为同质量碳水化合物或蛋白质的2.25倍。

脂肪不仅是蝎体的重要组成成分，而且是体能的主要来源，又是脂溶性维生素A、D、E、K的溶剂，并可促进脂溶性维生素的吸收和利用。蝎子机体的生长发育和组织修复也必须有脂肪参与，此外，脂肪还起着保护内脏，减少机械冲撞、挤压损伤，同时防止体内热量的散发等作用。在自然界的野生状态下，蝎子可以在100天的冬眠状态中不吃不动，其能量的提供即是依靠体内积聚的脂肪供应的。但是饲料中脂肪的含量也不宜太多，否则会引起蝎子出现消化不良、食欲下降等病症。蝎子只要食入各种动物昆虫，就能满足其对脂肪的需求，所以不需要另外补给脂肪。

3. 碳水化合物

碳水化合物的主要作用是为蝎体提供能量，同时参与细胞的各种代谢活动，如参与氨基酸、脂肪的合成，利用碳水化合物供给能量，可以节约蛋白质和脂肪在体内的消耗。碳水化合物包括两大类：一类为无氮浸出物，主要由淀粉和糖构成；另一类为粗纤维。

糖在机体中可转化成脂肪，储存于体内；也能以肝糖原、肌糖原等形式存在于肝脏、肌肉等组织中，在必要时又可分解转化为葡萄糖，供体内代谢需要。此外，糖还有辅助肝脏解毒的功能，肝脏对细菌毒素及代谢产物中的有毒物质之解毒作用尤为显著。若蝎子饲料中的糖供应不足，机体便会因能源缺乏而动用储备的糖原和脂肪，继之动用蛋白，肝糖原的储存量也随之降低，肝脏的解毒作用明显降低，从而导致体况恶化、生长发育迟缓、体重减轻等。粗纤维在保持消化物的稠度，形成硬粪以及在消化运转过程中，起着一种物理作用，同时粗纤维也是能量的部分来源。在植物性饲料中，含有大量的淀粉和纤维素，在蝎子的体内，因无分解纤维素的酶，所以纤维素不能被分解利用。蝎子对纤维素无特别的需求，一般要求纤维素的量尽可能低些，淀粉的量也不宜过高，过高会影响蝎子的食欲，引起肠道不适，甚至腹泻，引发疾病。

4. 矿物质

矿物质又称无机盐，是蝎体内无机物的总称。矿物质在蝎体内的生理过程中起着重要的作用，它也是蝎体必需的元素。矿物质是无法自身产生、合成的，每天矿物质的摄取量也是基本确定的。生物体内的矿物质有几十种，根据其在体内含量的多少分为常量元素和微量元素两大类，如钙、磷、钠、钾等蝎体内含量较多，称之为常量元素，而如铁、铜、锌、锰、碘等蝎体内含量较少，称之为微量元素。

(1) 钙与磷 钙与磷是组成蝎体外骨架的重要成分，外骨架中所含的钙占全身钙量的 90% 以上，所含的磷量占全身总磷重的 75%。饲料中钙、磷不足时，蝎体外骨架生长缓慢、蜕皮困难。野生蝎可以从土壤和多种动物组织中获取足够的钙、磷。在人工饲养蝎子时，必须定期补充钙、磷。若用黄粉虫、蚯蚓饲喂蝎子，因其体内所含的钙和磷量不能满足蝎体的需求，因此必须在黄粉虫的饲料中适当添加骨粉，以增加钙、磷含量。

(2) 钠和氯 钠和氯主要分布于蝎子的体液和软组织中，它能促进消化酶的活动，有利于脂肪和蛋白质的消化吸收，同时还能促进新陈代谢，增加进食欲，帮助消化。蝎子究竟需要多少钠和氯，还是个未知数，有待于进一步研究考证。但是可以肯定的是，蝎子的新陈代谢是需要食盐的，野生蝎子会寻找含盐物或从土壤中摄取盐分。在人工饲养时如能在饮水中定期加入 0.05%~0.09% 的食盐，对蝎子的生长、繁殖是有利的，表现为蜕皮加快、产仔加快。但是，饲喂食盐量或饮水浓度绝对不能过高，否则极易引起蝎子食盐中毒。

(3) 硫 硫主要存在于蛋白质中，它是构成某种氨基酸（胱氨酸、蛋氨酸）的重要组成成分。胱氨酸含硫最多，机体内每个细胞

都含有胱氨酸。高等动物调节代谢的物质，如胰岛素、硫胺素等都含有硫，对调节物质代谢有一定意义。蝎子蜕皮过程少不了含硫氨基酸，若含硫氨基酸缺乏，蝎子蜕皮困难。

其他元素主要起着调节渗透压、保持酸碱平衡和激活酶系统等作用，是蝎体生长繁殖不可缺少的物质。因而，在人工养蝎时就要定期把复合微量元素加入水中供蝎子饮用，或用复合微量元素饲喂黄粉虫、地鳖等间接地给蝎子补充。另外，池土中应放置一些风化土或老墙泥，以补充微量元素，满足蝎子生长发育对微量元素的需求。

5. 维生素

维生素是维持蝎体正常生命活动所必需的一类有机物。维生素虽然不是构成蝎体的主要成分，也不是供给能量的食物，但它广泛存在于各种细胞组织中，除少数维生素可储存于某些器官中外，大部分维生素是构成酶的辅酶或辅基的重要成分。蝎体对维生素的需求量虽然极微小，但其在机体内所起的作用却很大，其主要营养功能是调节物质代谢和生理机能。蝎体缺乏维生素时，可引起代谢失调、生长发育停滞、生理机能减退、繁殖力下降、抵抗力减弱，并导致维生素缺乏症的发生。

维生素的种类很多，多数维生素在蝎子的体内不能合成或合成的量很少，必须从食物或饲料中摄取。目前已经发现蝎子所需要的维生素有20多种，不同的维生素均各具有特殊的功能。根据维生素的溶解性质分为两大类，一类是脂溶性维生素，另一类是水溶性维生素。脂溶性维生素主要有维生素 A、D、E、K，它们均以溶于脂肪或脂肪溶剂的形式蓄积于体内，供机体较长时间地利用。维生素 A 对蝎子的生长发育、繁殖及抗病力等都有重要作用，也是维持动物机体内一切上皮细胞正常健全的必需物质；维生素 D 在体内主要参与钙、磷的吸收和代谢过程；维生素 E 有抗氧化作用，能防止不饱和脂肪酸氧化。水溶性维生素是指溶于水中才能被机体吸收的维生素，常用的有维生素 B_1（硫胺素）、B_2（核黄素）、B_3（烟酸）、B_4（腺嘌呤）、B_5（泛酸）、B_6（吡哆素）、B_{11}（叶酸）、B_{12}（氰钴胺素）、H（生物素）和 C（抗坏血酸），是蝎体生长发育过程中不可缺少的有机营养物质，需要量虽然很少，但他们在体内不能储存蓄积，多余时会被迅速排泄出去，因此必须在饲料中经常添加。

饲料中无论缺少哪一种维生素，都会造成机体新陈代谢紊乱、生长发育停滞、蝎子不蜕皮、同时抗病力下降、容易生病。如缺少 B 族维生素，会引起消化不良；缺少叶酸，会出现生长迟缓、贫血、胃肠炎等。所以，应经常适量地在饲料或饮水中添加多种维生素，保证蝎体内各种维生素的正常，对维护蝎子的机体健康很有好处。

6. 水分

水是构成蝎子有机体的重要组成部分，是蝎子机体内生理生化反应的良好媒介和溶剂，并参与蝎体内物质代谢的水解、氧化、还原等生化过程，水还参与体温调节，对维持体温起着重要的作用。体内营养物质及代谢废物的输送或排出，主要是通过溶于血液中的水分，借助血液循环来完成的。另外，蝎子一生中要经过 6 次蜕皮才能成成蝎，每次蜕皮都需要一定的水分和营养。蝎子每蜕 1 次皮对生命就有 1 次危险性，经过 6 次大难才能脱离危险。蝎子身体的表层是以几丁质为主要原料的硬皮，到了蜕皮的时候，需要用 85% ~95% 的水分来滋润这种硬皮，还需要蝎子体质健壮、营养条件好，才能顺利蜕皮。所以，蜕皮与水分也有着密切的联系。因此，蝎子的生长发育离不开水分，若水分缺乏会影响其正常的生理活动顺利进行。

人工养蝎有 3 个方面需要水分：一是养蝎池内的土壤需要水分，以保持土壤的湿度；二是养蝎室内的空气需要水分，以保持一定的空气湿度；三是蝎子生活在气温高或空气湿度小的地方，当非常干燥时需要饮水。其中前两者是蝎子水分的主要来源，当环境湿度正常，食物供应充足时，蝎子一般不需要饮水。

二 蝎子的常用饲料

蝎子主要喜欢采食高蛋白、低脂肪、体软多汁的昆虫幼虫，尤其是喜食取含水量适中的活的昆虫幼虫。所以，人工养殖蝎子必须根据其食性特征准备好饲料。人工养殖蝎子的常用饲料有以下几种。

1. 灯光诱捕的昆虫

灯光诱捕是指采用荧光灯或黑光灯，在灯下装一个集虫漏斗，漏斗下口通入一个集虫箱或集虫袋来捕捉昆虫的一种方法。此法通常在谷雨至霜降这段时间，晚上8点至次日凌晨2点进行诱捕。将诱捕到的昆虫直接用来饲喂蝎子。

2. 食饵诱捕的鼠妇

食饵诱捕是指在鼠妇（又名潮虫、西瓜虫）经常出没的地方，将搪瓷盆或光滑的陶盆、大口玻璃瓶埋在地下，盆（瓶）口与地面相平，盆（瓶）内放一些炒熟的黄豆粉、麦麸或面包屑、糠麸、菜叶等。到了晚上鼠妇便会因食物的诱惑而跌入盆（瓶）内，这样每晚都会诱捕到很多的鼠妇，供蝎子食用。值得注意的是，埋盆（瓶）的地方应选择较阴暗潮湿的地方，因为这样的环境栖息着大量的鼠妇（图6-4）。

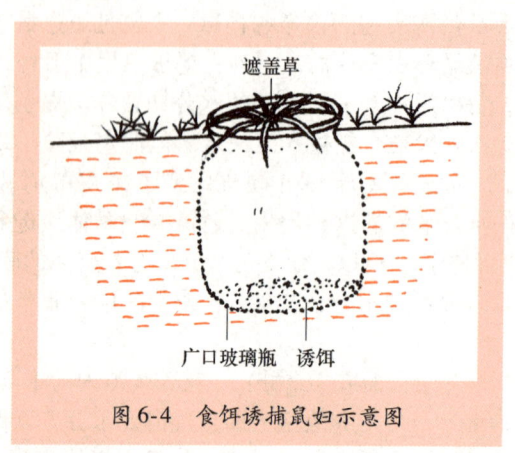

图6-4 食饵诱捕鼠妇示意图

3. 人工养殖的饲料虫

有一些昆虫可以通过人工养殖，用来作为人工养蝎的天然食物，这些昆虫被称为蝎子的饲料虫，如黄粉虫、黑粉虫、蚯蚓、幼地鳖、洋虫、鼠妇、家蝇等，已人工饲养成功，其养殖方法及使用详见附录。

4. 肉类饲料

人工养殖蝎子时，通常可采用青蛙肉、麻雀肉、鸡肉、猪肉等经过加工切碎后，直接投喂，尤其适用于未产仔的孕蝎。但这类食物不能在池内放置太久，以免腐烂变质，影响蝎子身体健康。同时要注意及时取走剩余的食物，尤其是肉类饲料，经常保持蝎池（窝）清洁卫生。

5. 矿物质饲料

人工养殖蝎子时，为防止蝎体矿物质缺乏，常常投喂一些矿物质饲料。一般初春时，常在蝎池表层放些山石下的风化土，或将骨粉拌入肉类饲料，投喂多龄蝎。

6. 人工配合饲料

蝎子主要捕食比自己身体更小的昆虫等，但在人工饲养条件下，有时饲料虫不能满足养蝎需要，因此，有时可以利用植物性饲料、动物性饲料、维生素和矿物质等作为原料，配制成配合饲料，作为养蝎的辅助饲料。

三 蝎子配合饲料的加工

用人工养殖的黄粉虫、蚯蚓等饲料虫饲养蝎子，虽然能起到增补养分的作用，但未必每种昆虫或昆虫的大小对蝎子来说都能食用，再加上养殖饲料虫成本较高，有时也供应不上。因此，就需要利用辅助饲料饲喂，即配合饲料。

蝎子人工饲料中的植物性饲料如谷物类、糠麸类、油料类、饲草类等，以及动物性饲料中的肉类、鱼粉、乳、蛋等，虽然含有较丰富的营养，但是这些饲料都不能直接投入饲喂蝎子，必须经过加工才能食用。所以，配合饲料就是根据各龄蝎子对营养物质的不同需求进行合理搭配，经过加工而制成的，这种饲料营养丰富，适合口味，蝎子爱吃。

人工养蝎的饲料可现用现配，一般可用动物碎骨肉或宰杀鸡、兔等的下脚料，以及麦麸、面粉、青菜等按一定比例配合加工制成。也可以将其制成颗粒饲料长期饲喂。配制要领：将用绞肉机绞碎的骨肉碎末、炒至微黄有香味的麦麸或面粉、剁碎的青菜类，按3:3:1的比例调匀，制成小颗粒备用。在蝎子的配合饲料中还可加入适量的磷酸二氢钙、葡萄糖、山梨醇等物质，以利于蝎子的生长发育。也可以先将小麦粉蒸成馍，再捏成馍花，或将麦麸炒黄，加入鱼粉

或肉粉。鲜肉应切成绿豆粒大的小块，或用绞肉机绞成肉泥；蝼蛄、蚱蜢等应去头切碎，蚯蚓、黄粉虫等应切成绿豆粒大的小段。这些动物性饲料的加入量一般占总重量的 20%，然后再加入一部分添加剂，按比例加水搅匀拌成粒状饲料投喂。添加剂用量，每千克配制的饲料中加入硫胺素 1g、维生素 B_2 2g、维生素 D_3 3g、多维葡萄糖 3g、硫酸锌 0.5g、磷酸二氢钙 1g、磷酸二氢钾 0.5g、食盐 0.5g。同时也可给蝎子投喂少量的青菜或苹果等，投喂时一定要先捣碎再喂为宜。

下面介绍几个 2 龄蝎子的饲料配方，供参考使用。

配方一：肉粉 125g，饼干屑 125g，牛奶 300g，拌匀即可。

配方二：动物肉（肉泥状）200g，馍花 100g，拌匀即可。

配方三：肉粉 150g，蛋黄粉 50g，馍花 200g，牛奶 450g，拌匀即可。

配方四：干昆虫粉 100g，馍花 100g，鲜蛋汁 220g，拌匀即可。

第三节　不同时期蝎子的饲养管理

蝎子的不同生理时期其生长发育特点不一样，因此在饲养管理上存在很大差异。

一　孕蝎的饲养管理

饲养种蝎的目的就是繁殖，而孕蝎的饲养管理是整个种蝎饲养管理过程中的重要环节，孕蝎饲养管理的好坏直接影响养蝎的最终经济效益。

1. 创造良好的胚胎发育条件

雌蝎在怀孕期间，由于胚胎的不断生长发育，其所需要的营养物质比一般蝎子要多、要好。所以，此时期供给孕蝎的食物一定要足量和丰富，如喂给多种饲料虫或一些肉类，使孕蝎一直处于吃饱吃好的状态，从而保证胚胎的正常发育。同时，在蝎子的饮水中也应适当添加一些维生素和微量元素。

雌蝎在怀孕期间最怕突如其来的响声，受惊吓的孕蝎往往会到处乱窜、表现不安，甚至发生流产、难产等现象，因此一定要保持环境安静。

实践证明,在雌蝎怀孕期间适当增加光照,能增加孕蝎身体对外界热量的吸收,促进机体内新陈代谢,提高自身的消化吸收能力,促进胚胎正常生长发育,降低胚胎死亡率,使孕蝎顺利生产,提高仔蝎的成活率。另外,还能促进孕蝎摄取更多的矿物质(如钙等),加快胚胎外骨板的生长速度,促使胚胎提前发育完成,提早产仔。

> 【建议】 制作配合饲料养殖蝎子时,一定要根据不同阶段蝎子的消化生理特点和营养需要,选取优质原料精心制作。制作好的配合饲料不宜存放时间过长,保证质量,以防霉变,影响蝎子生长发育和繁殖。

2. 设置产房

随着胚胎的不断增大,雌蝎腹部也日益膨大,因而行动不便,不愿外出活动和觅食,这时可将其放到产房内进行饲养。孕蝎产房一般可分为单居产房和群居产房两种。

(1)单居产房 多用粗矮的广口玻璃罐头瓶,或一次性塑料杯作产房,也可以用玻璃或木板等制作成棋盘式的方格盆代替,规格为10cm×10cm×15cm。每个瓶底铺一层2~3cm厚的无污染的净土(其湿度以手捏成团,松手即散为宜),用圆木棍夯实泥土,在瓶中再放一小块湿海绵(湿度以不滴水为宜),然后每个瓶内放一只临产孕蝎,投放1只地鳖幼虫或3条小蚯蚓,如被吃掉,应及时再投放食料,以让孕蝎吃饱喝足。

(2)群居产房 是指在一个蝎池(窝)或盆中,放一些用泥土或混凝土制成的槽板火坑板和巢格板(具体做法可参照第五章第二节中有关群居产房的建造)。然后把临产孕蝎放入群居产房中,让蝎子在窝(坑)或穴中产仔。一般放蝎的数量为产房内蝎窝数量的80%~90%。若放得过多,易使一些孕蝎占不到产房,影响产仔;而过少,则浪费场地,增加养殖成本。

一般情况下,多采用单居产房饲养临产孕蝎,因为单居产房饲养,不仅能杜绝群居产房相通而出现的蝎子窜房互相干扰现象,而且孕蝎在单居产房内，有安静的环境，能顺利产仔、背仔、护仔，并做到母仔及时分离，仔蝎的成活率可达到95%以上。因此，饲养种雌蝎在5 000只以内的规模最好采用单居产房饲养。

3. 临产孕蝎的识别和捕捉

怀孕雌蝎在后期临产前，由于体重增加行动变得迟缓，攀附能力较差，一般白天都不愿意进窝，而喜欢在阳光直射的物体背后，或阴凉下稍微潮湿柔软的地方进行最后的体内胚胎孵化。这时的孕蝎前腹部变得比较肥大饱满，呈灰色，若将其翻过身来可以看到其腹内有形似大米粒状的小仔蝎。

雌蝎在妊娠怀孕期，对温度要求尤为严格。试验观察表明，温度低于5℃时，胚胎发育停滞；在5～15℃时，胚胎发育延缓；在25～30℃时，胚胎发育加快，一般经过35～45天即可完成胚胎的整个发育过程。因此，人工饲养时怀孕雌蝎最好在温暖的室内，室温保持在32～38℃。

孕蝎临近生产时，常选择在背光安静的地方，用触肢和第4对步足撑高躯体，第1对至第3对步足交替挖土，直至挖成杏核大的小坑，然后用4对步足撑高躯体，娩出仔蝎（图6-5）。

图6-5 孕蝎挖窝产仔

> 【提示】 孕蝎在临产前虽然需要保持安静。但一定要注意及时供水、供食，以保证其顺利生产。

雌蝎娩仔为一次性分娩。新生仔蝎形如卵状，被娩入土坑中堆集在雌蝎前腹部下方，表面覆以白色透明的黏液，相互粘连。起初仔蝎不会动，约经 20~50min 后，身上的黏液略干，角须与步足渐渐开始蠕动，接着仔蝎可以伸展活动，此后便沿着母蝎的附肢和步足陆续爬上雌蝎背上，一般按照头朝内，尾朝外的方向，相互靠拢，排列整齐（图 6-6）。

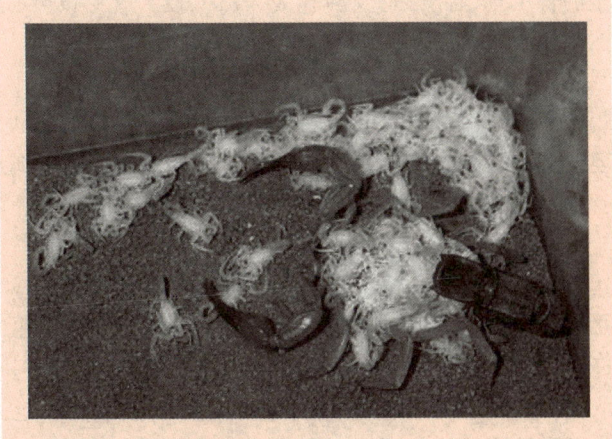

图 6-6　刚娩出的仔蝎

4. 临产孕蝎的防逃和隔离

雌蝎在产仔时，一定要保持环境安静，绝不能受到干扰和惊吓，否则雌蝎为了躲避、逃跑，会甩掉背上的仔蝎，造成仔蝎伤亡，甚至吃掉部分仔蝎。

二　育仔蝎的饲养管理

育仔蝎是指从孕蝎产仔开始到第 1 次蜕皮后母仔分离的阶段，一般为 10 天左右，也就是 1 龄蝎子后 3~7 天。育仔阶段体内的卵黄尚没有消化吸收完，还可以继续供给仔蝎营养。此阶段的仔蝎多是伏在雌蝎背上的，一般不食也不动，所以对仔蝎的管理并不是十分紧要。

> 【提示】　一定要注意不要在仔蝎刚蜕完第 1 次皮后就将母仔分开，否则将影响仔蝎成活率。

1. 创造适宜的环境

仔蝎出生后4~6天要进行第1次蜕皮，然后就进入幼蝎阶段。此期间幼蝎经常爬下母背，在雌蝎的周围活动，遇到动静又继续爬到雌蝎背上，再过3~7天（即从出生后起需经8~12天）才能真正爬下母背而开始独立生活。仔蝎刚蜕完皮，身体软弱无力，还需要雌蝎保护一段时间。因此，这一时期要保证适宜的温度和湿度，控制好沙土的含水量，并保持安静和无天敌入侵，避免噪声、光、风等的突然刺激。

2. 及时喂水

雌蝎产仔时由于消耗大量的水分，产完仔后非常需要饮水，这时一定要保证池（窝）内的海绵潮湿，让雌蝎随时能吸吮海绵中的水分。否则，因为池（窝）土干燥，又没有及时给予饮水，雌蝎由于口渴会出现吃掉刚出生的仔蝎的现象。

3. 合理投食

雌蝎在分娩和背负仔蝎时期，为了保护仔蝎，一般不愿吃食和活动，仔蝎第一次蜕皮后虽然从雌蝎背上爬下开始活动，但一开始也很少取食。实践证明，雌蝎在育仔期会吃食一些食物，这是雌蝎产前未能摄取足够的营养所致。因此，为了不影响雌蝎育仔，这段时间还是不给母仔投食为好。但是要及时将母仔分离，尽快给雌蝎投食。

4. 母仔蝎分离

雌蝎经过妊娠、分娩及背负仔蝎后，体力消耗很大，当仔蝎爬下母背开始活动觅食时，雌蝎也将进入一个体格恢复期，需要捕捉食物补充营养。此时若让雌蝎和仔蝎待在一起，又不供应食物和饮水时，有些雌蝎由于饥饿急于捕食可能会出现残食仔蝎的现象。所以，这段时期，除了多投给一些鲜活的小型昆虫供雌蝎捕捉食用外，还应及时将母、仔蝎分开饲养。

母、仔蝎分离的方法：仔蝎出生后8~12天，即可离开母蝎而开始独立生活。若为单居产房饲养的可用竹筷子（或竹夹子）夹出雌蝎，然后用鸡毛或鹅毛将雌蝎背上的仔蝎刷入光滑的仔蝎饲养盆中（图6-7），或将地上的仔蝎扫入仔蝎饲养盆内，切忌动作粗鲁而伤害雌蝎和仔蝎。刚分离的仔蝎，一般在3～4天内出生的可以放在一个盆中，养10～15天使仔蝎适应没有雌蝎的生活后倒在池（窝）中集中饲养，饲养密度为每平方米10 000只左右，绝不能一分离开就与其他成蝎或比其大的种蝎混养，以免被大蝎子吃掉。如果大规模养殖场采取群体繁殖时，仅将母蝎挑出而将幼蝎留在原池中饲养即可，或按照第五章第二节介绍的母、仔蝎分离装置即可使母、仔分离。

图6-7 母仔蝎的分离方法示意图

三 幼龄蝎的饲养管理

2～4龄蝎称为幼蝎，幼蝎阶段的饲养管理十分重要，因为该阶段蝎子的成活率和生长速度，直接关系到养蝎的成功与失败。

1. 加强营养

幼蝎离开母蝎独立生活后，很快进入盛食期，这也是一生中生长发育最快的阶段，所以食欲较旺，能昼夜活动进食、觅食，争食能力非常强。但此时期由于幼蝎口器小、活动范围小，因此就限制了其对饲料营养的摄取，在寻食时，对于体形较大的活动昆虫，基本上不敢捕捉食用。因此，必须做好饲料的搭配，在保证幼蝎有足够数量和良好质量的食物同时，尤其是2龄蝎，应供给足够的小

昆虫饲料。条件许可的情况下，应以小黄粉虫和小地鳖轮换投喂，切忌饲料单一。

幼蝎离开母蝎1个月左右便开始进行第2次蜕皮，成为3龄蝎。幼蝎在蜕皮时往往不活动、不觅食，因而不需要投喂，但蜕皮恢复活动后，食欲却很旺盛，这时应供给充足的饲料，让幼蝎食饱，以防相互蚕食。

3龄蝎以后相对已经具备良好的攻击和寻捕能力，食欲旺盛、代谢过程也较强，对此可以投喂一些稍大的昆虫。也可以给幼蝎投喂喜食的配合饲料，一般以动物性饲料为主（占85%），植物性饲料占15%，其中青菜约占5%。在动物性饲料中可加入1%的过磷合剂和少量的复合维生素。此外，在仔蝎喜食的饲料中能加入适量助消化和抗生素性药物更好，常用的有干酵母、高锰酸钾、土霉素、四环素等药物，但药物不可过量，一定要与饲料混合均匀。此外，2龄的幼蝎身体弱小，活动范围小，捕食能力差，投喂的饲料不宜放得离窝太远，或太分散，保证幼蝎都能取食到，不至于受饿。

2. 适宜的环境条件

幼蝎在蜕皮时，需要适宜的环境条件，幼蝎蜕皮前，一般会迁移到蝎窝较温暖的中部，外界温度越低，迁移越深。当然若温度低于25℃时也不能正常进行蜕皮。蝎子蜕皮最适宜的温度为25~38℃，蝎窝土壤含水量为15%~20%，室内空气湿度为75%左右。若窝内温湿度不适宜，会造成幼蝎蜕皮时间延长，甚至中途死亡。

3. 精心管理

幼蝎每蜕皮一次增长一龄，随着幼蝎的成长，体型逐渐变大，蝎池（窝）内密度不知不觉增大了，因此要及时进行合理分群饲养，或单位面积内饲养幼蝎的数量减半，以降低饲养密度。实践证明，幼蝎在蜕皮期间，饲养密度越小，其成活率就越高。因为密度过大，幼蝎容易扎堆而被压死，且密度太大捕食也很困难，有的蝎子找不到食物，致使生长速度缓慢。幼蝎在蜕皮前7天一般不愿吃食，这时应把饲料更换为蝇蛆、米蛾、小土鳖虫等，幼蝎蜕皮时，因为已经完全失去了自卫的能力，无法保护自己的安全，所以在幼蝎蜕皮前10天左右，应禁止投喂大于1.5cm的黄粉虫，以防黄粉虫咬伤或吃掉正在蜕皮的幼蝎。

在投喂足够的食物的同时，应提供清洁的饮水，为防止蝎房（室、窝）内干燥，应及时在房（室、窝）内洒水。如果供水不足，幼蝎容易发生胃肠疾病，且降低食欲，时间长了，蝎体会变得干燥无光泽，生长缓慢，蜕皮时间延长。如果蝎房（室、窝）过于潮湿，蝎子易患霉斑病，要设法使蝎房（室、窝）干燥一些。杜绝给蝎子饲喂腐烂变质饲料或不清洁的饮水，防止患黑腹病。每天饲养人员应该认真做好检查工作，以便及时发现问题，及早解决问题。

4. 防止逃逸

由于幼蝎身体轻小，攀附能力极强，行动敏捷，因而他的出逃能力明显比其他龄蝎子强。幼蝎体小幼嫩，一旦出逃后很不便于捕捉，即使捕获也容易被击伤或捏死。所以，一定要注意加强防范，采取各种措施，防止幼蝎逃逸（图6-8）。

图6-8　防逃塑料膜或玻璃墙

四　青年蝎的饲养管理

5～6龄的蝎子称为青年蝎。这个时期的蝎子生长速度略有下降，但还是生长发育较快的时期，体长和体重变化明显，且已进入生殖器官发育时期，所以这个时期的管理重点是加强营养，确保成活率

并进行第一次种蝎的选育。

1. 加强营养

此时期应给蝎子提供充足的、多样化的食物,如可以适当投喂一些体型较大的饲料虫,并要求饲料虫新鲜、清洁,以让蝎子吃饱、吃好。同时要经常检查蝎子捕食的情况,发现食物不够时,及时添加第2次饲料。

2. 控制好生活环境

切实控制好生活环境,给青年蝎提供适宜的温度、湿度、通风和光线等,以使青年蝎能健康生长发育。

3. 搞好环境卫生

青年蝎的抵抗力虽然比幼蝎大有提高,但因其生长快,取食量大,因而要特别注意病从口入,饲料和饮水要清洁、没污染,及时清理蝎池(房、窝)中的死饲料虫和变质饲料,饮水要定期更换,海绵和石碟也要定期消毒和更换。

4. 及时分群和选择种蝎

随着蝎子不断成长,原来池(窝)内的饲养密度会显得过大,此时应及时捕移分群和进行第1次种蝎的选育,留种的种蝎要专池(窝)饲养,不留种的应调整至适宜密度。

青年蝎对饲料虫的营养性和适口性要求都比较严格。因此,应特别重视投食管理,除供给新鲜、充足、洁净、高营养的饲料虫和食物外,还要及时观察蝎群的进食情况,发现问题及时处理。

五 成年蝎的饲养管理

幼蝎经过6次蜕皮长到7龄,便进入成蝎阶段。这个阶段的蝎子生长速度开始下降,体重增加不如幼蝎、青年蝎那么快,但此时蝎子的生殖器官发育最快,已经达到性成熟,且具有交配繁殖能力,是进行种蝎的选育和培育的最佳时期。这一阶段的饲养管理除了继续创造良好的环境条件和加强营养,供给充足的新鲜、洁净、高营养的食物外,还要不失时机的进行种蝎选育和提纯复壮工作,为搞好下一代繁殖打下良好的基础。

1. 种蝎选育和提纯复壮

根据选留种蝎的条件,从第1次选留的种蝎中再选出更优良的

种蝎，提纯复壮，按照培育计划配种繁殖。这个时期在饲养管理上应注意以下几点。

1）增加投喂饲料虫的次数，坚持"多投少喂"的原则。特别是在夜晚8~11点蝎子进食高峰期，每小时应投喂1次。

2）合理控制环境温度、湿度，创造良好的生活环境。

3）加强对种蝎的管理。优良成年蝎即可作为种蝎使用。一般每年的4~9月份为蝎子的繁殖交配时期，此阶段可将雌蝎和雄蝎按2:1的比例混养在一起，任其交配。

2. 商品蝎的饲养管理

经过挑选剩下的不能留作种蝎用的成蝎一律作为商品蝎饲养，以专门当做药用全蝎之用。此外，产仔3年以上的雌蝎、交配过2次以上的雄蝎及有残肢、瘦弱的雌雄蝎，都应作商品蝎进行饲养利用。

由于商品蝎已长大成熟，食量增加，活动范围扩大，因此投食量也要逐渐加大，每天投喂的次数要多一些，每次投喂的数量要少一些，而且可适当增加植物性饲料。晚上8~11点，可每小时喂1次。但是要注意单位面积上的饲养密度，每平方米以不超过500只为宜。此外，要供给充足的饮水，尤其是气温升高到30℃以上时，更要注意供水。

商品蝎生长到符合制作全蝎标准时，就要及时收捕，饲养时间不宜过长，一般在天气变冷前结束饲养，进行采收加工，以提高经济效益。

六 交配蝎的饲养管理

雌雄蝎能否成功交配，关键在于是否给其创造一个适宜的外部条件，使雄雌蝎能在良好的环境中顺利完成交配。因此，在管理上要注意以下几个问题。

1. 温度和湿度

适宜的温湿度是蝎子顺利交配的首要条件，雌雄蝎交配时的最适温度是28~38℃、湿度是60%~80%。在此范围内，温度越高雌雄蝎交配成功率就越高。

2. 光照

蝎子交配时对光照不太敏感，但是在光线微弱的情况下，能诱发其交配，在强光照射下，会使其交配过程显著延长或停止交配。

3. 噪声和风

由于蝎子胆小，怕惊吓，一般有风的天气不外出活动和进行交配，因此在雌雄蝎交配期间，应为其创造一个隐蔽、安静、无风或微风的环境条件，避免嘈杂的噪声和风的影响，以提高其交配的成功率。

4. 雌蝎产后及时交配

虽然雌雄蝎交配1次后，储存在雌性蝎子体内的精子可连续3～5年保持受精能力，但是如果隔年失配和连年失配，雌蝎产仔的质量与数量会明显下降，以后会出现产弱精仔蝎和死精卵等现象。

5. 交配场地

蝎子交配时，雄蝎的精荚需要固定和附着在地面上，以便顺利交配。因此，要求交配场所（蝎窝）地面要平坦、坚实，具有一定的摩擦力，并保持干燥清洁，不能光滑，稍微粗糙更利于雄蝎精荚的附着和交配双方步足抓扒附着（图6-9），以使交配顺利成功。

图6-9　雌雄蝎交配图

第四节　不同季节蝎子的饲养管理

蝎子的活动季节性比较明显，因为不同季节温度、湿度有别，蝎子的活动能力以及蝎子所捕食的小动物的出现也不相同，因此，人工饲养时，要根据不同季节的特点采取有效的饲养管理措施，才能保证蝎子的正常生长繁殖。

一 春季的饲养管理

春季气温开始回升，冬眠的蝎子也要开始复苏。蝎子经过冬眠，体内所储存的养分基本耗尽，身体相当虚弱，一些体弱瘦小的和部分幼蝎容易患病而死亡。另一方面，早春气温极不稳定，忽高忽低，容易造成蝎子生理机能和代谢活动产生障碍，因此必须加强饲养管理，以减少损失。

1. 防寒保温

早春期间要根据天气预报，随时做好保温工作，夜间关门、关窗，大棚养殖的应用草帘子或毛毡将蝎房顶部盖严，保持室内温度，白天应打开草帘或毛毡接受阳光增加热能，避免白天和夜晚的温差过大，造成蝎子生理机能不适应而死亡。

2. 合理喂食

一般谷雨以后，气温升到15℃以上时，蝎子才从冬眠中苏醒，在晴暖天气开始出窝活动觅食，其活动时间由少至多，活动的能力也不断加强，所以要及时投喂食物。但是因为这个时期温度仍不稳定，因此，早期一般不宜供给蝎子过多的饲料，以防暴食、腹胀，导致死亡。

春季蝎子的消化能力不很强，防病能力也较差，这时容易生病死亡。因此，应该严格控制投喂的饲料量，开始投喂些动物性饲料，投喂的数量应随蝎子的活动及消化能力的加强而增加，要及时多投饲料，如果不及时投料或投料太少，蝎子易因饥饿而互相残食。待到晚春，气温升高，蝎子活动能力增强时，也不应多投饲料，因为此时蝎子的消化能力还不是很强，防病能力也较差，容易生病死亡。因此，应该严格控制投喂的饲料量，同时保证饲料要清洁、新鲜，以免蝎子吃得过多难于消化而导致消化不良，或因吃了不洁食物而产生腹泻或腹胀而死亡。

3. 调整湿度

清明以后，夜间出穴活动的各龄蝎子逐渐开始增多，此时应注意调整蝎子活动场地及室（窝）内的湿度，在风和日丽的中午，供养室与活动场地需要加水，逐步调节地面和池土的湿度，恢复潮湿状态，使各龄蝎子利用间接吸潮的特殊生理功能，自行调整机体内

的生理水分。切忌直接供水,以免因蝎子暴饮而腹胀死亡。同时,在白天室内也要注意开灯,以适当增加光照。

二 夏季的饲养管理

夏季是蝎子最适宜的生长发育阶段,无论蝎子的活动量、进食量还是生长发育速度都有明显提高。

1. 逐渐加食

立夏以后,气温开始升高,各龄蝎纷纷在夜间出穴活动并觅食,都进入了快速生长发育的阶段,仔蝎频繁蜕皮,成蝎交配繁殖。此时应根据蝎子的实际情况逐渐加食,饲喂蝎子应以多汁、易消化的饵料为主,每3~5天投喂1次,如昼夜温差较大,可每7天投喂1次。幼蝎最好供给1~1.5cm长的黄粉虫,并添加一定量的配合饲料;孕蝎除供给黄粉虫和地鳖外,还应增加投喂其他动物性活饵料,使其获得全面营养,以达到产仔快、产仔多、产优仔的目的。

2. 饲料多样化

每年清明节后,进入夏季的各龄蝎子处于正常生长发育阶段,幼龄蝎进入蜕皮期,孕蝎开始产仔,夏季饲养管理的好坏,直接关系到当年产仔成活率的高低,如长期缺食、营养不良,所产幼蝎多为死胎或弱小幼蝎,严重者甚至造成流产。所以应加强营养,精心喂养,饲料要多样化。除了应适当增加投喂次数外,每天傍晚喂食的饲料中应添加营养素,晚上除诱捕昆虫外,还应该投喂蚯蚓、地鳖、面包虫或鲜碎肉,以保证蝎子吃食好、生长快、蜕皮死亡率低、抗病能力增强。

3. 保证饮水

进入夏季,由于天气干燥、气温较高,还要注意供应饮水,并可投喂一些水果、蔬菜,避免体内缺水,使蝎子尾部发黄干枯而死亡,或影响其生长繁殖。这时要间断性地往蝎房、蝎池及栖息板上喷水,以降低养蝎室内的温度。喷水时以雾状为佳,喷水次数视天气情况而定,一般每天喷水1~2次,并及时清除食物残渣,以防其腐烂变质。

4. 调节温湿度

随着气温逐渐升高,空气干燥、闷热。因此,要做好饲养场地、

饲养池（窝）等的降温防暑以及喷水保湿工作。当闷热潮湿时，要注意通风换气；梅雨季节，应尽量少喂水或不喂水，可在蝎窝内放些瓜皮和切开的茄片，或用浸湿水的海绵，供蝎子吮吸。空气过于干燥则要及时喷水增湿。同时养蝎房（窝）在无风天气应打开窗户，加强通风。但此时窝内湿度不宜过大，不然易得风湿症，导致半身不遂而死亡。

5. 注意饮食卫生和消毒

春末夏初，雨水多，空气湿度较大，自然温度偏高，死的饲料虫和剩下的饲料等容易腐烂变质，因而食物、饮水都要注意卫生。另外，入夏时应把蝎池（窝）全部清理1次，养蝎池（窝）内的砖瓦及养蝎用具等也进行清洗及消毒，常用的消毒药物有高锰酸钾、新洁尔灭、硼酸等。

另外，夏季是蝎子生长繁殖旺盛期，管理上应抓好蝎子交配、产仔时期的管理，同时还应注意蝎群的分窝工作，以促进蝎子的快速生长和繁殖。

三 秋季的饲养管理

立秋以后，气候逐渐转凉，这时孕蝎大多数都已产仔完毕，这个季节的饲养管理重点是加强对幼蝎的饲养和管理，为扩大蝎群打好基础。

1. 创造良好的保育环境

进入秋季，天气渐冷，但这时仍有部分孕蝎还在繁殖期，因此要注意蝎房（室、窝）内的温度及保持周围环境的安静，以保证孕蝎正常生产，防止仔蝎产出后被冻死。此时可以把孕蝎和刚出生的仔蝎集中放到几个池（窝）内，进行专门饲养管理。

2. 创造良好的幼蝎蜕皮环境

8～9月份正是幼蝎蜕皮季节，为保证幼蝎顺利蜕皮，要创造一个适宜的环境条件，如多设孔穴，保证周围环境安全、安静，及时提供充足的食物、饮水，确保各龄蝎能顺利蜕皮。

3. 给产后雌蝎提供丰富的营养

产后的雌蝎，尤其是刚与仔蝎分离开的雌蝎，由于体力消耗过大，需要及时补充大量营养，同时也需要在体内储存足够的营养来准备越冬。一般在冬眠前一个月开始,各龄蝎食量骤增,代谢过程也比较旺盛,它们把所获取的营养储存起来,并处于脱尽游离水的入蛰前的准备阶段。这时要适当增喂肉食和小昆虫,并且增加投喂次数,喂食量要做到宁可有余,不可欠缺,使各龄蝎都能采食充足的高营养价值的饲料,增强体质,储备体内能量,以便安全越冬。此外,要迅速减少蝎子的饮水量,取出蝎池或窝内的所有水盘,停止直接供水。可在蝎窝内放些瓜皮和切开的茄片等,让蝎子吮吸。同时还要设法降低蝎房、池内和活动场地的湿度,蝎子的栖息场所湿度控制在8%(绝对含水量)为宜,以便加强蝎子的抗寒能力。

四 冬季的饲养管理

霜降以后,随着气温的急剧下降,气温在10℃以下时,蝎子便停止活动和觅食,钻入蝎窝深处土坯或砖石缝隙处开始进入冬眠。

1. 供足营养

为了保证蝎子安全越冬,在冬蛰之前或是在蝎子冬眠前1个月左右开始,给蝎子提供充足的高营养食物,让蝎子吃饱养肥,保证体内储备足够的营养,否则蝎子会因营养缺乏而导致抵抗力下降,不能安全越冬,以致造成死亡。

2. 调低湿度

缓慢减小蝎子活动区域沙土的含水量,保证蝎子蛰伏的地方干燥适宜,土壤湿度控制在15%左右,空气相对湿度为70%~75%。湿度过大,会减弱蝎子的耐寒性和对疾病的抵抗力;湿度过小,有时会引起蝎子慢性脱水,导致有些蝎子出现异常复苏而后死亡。

3. 适宜的温度

蝎子冬眠期间适宜的温度应控制在2~7℃,因此,要注意蝎房(窝)的防寒保温,可用稻草或塑料薄膜覆盖饲养池(窝),若为房养则应注意封好门窗,房门挂上草帘,防止寒风侵袭。有条件的地方可适当采取加温措施。对于小规模养殖场(户),也可在蝎子冬眠前夕,将蝎子收集在缸、坛内,埋入背风、通气、向阳的土壤中,同样能起到保暖的作用。

4. 防止天敌

冬眠期间,蝎子完全失去了活动能力及保护自己的能力,处于

"假死"的状态。因此，在蝎子冬眠期间要勤检查，加强防护措施，严防老鼠等天敌侵入蝎房内蚕食蝎子。老鼠是蝎子冬眠期间最大的危害，多采取打洞方式进入蝎房，1只鼠每次能吃掉几十只冬眠的蝎子。

第五节 蝎子无休眠饲养技术

在自然情况下，由于气温的变化，蝎子在1年内分为生长期、填充期、休眠期和复苏期4个阶段。蝎子的无休眠饲养方法即是打破蝎子的自然生长规律，人为地创造蝎子适宜的温湿度，加强营养，使蝎子的生活进程明显加快，营养生长期和生殖生长期明显缩短的一种饲养方法。

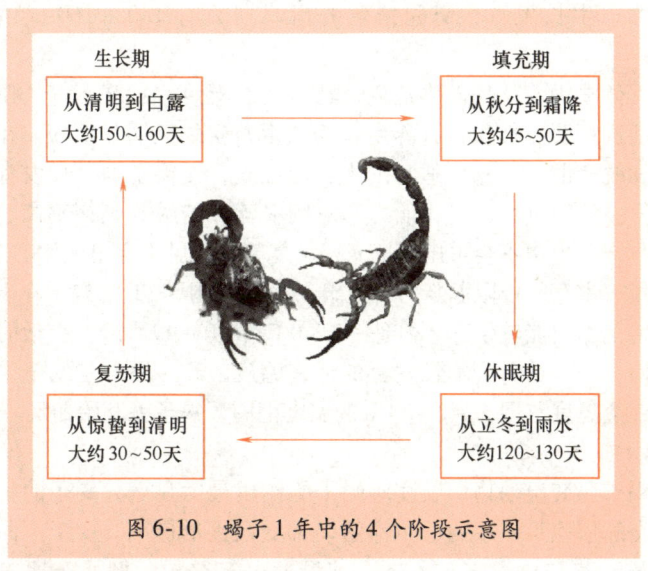

图6-10 蝎子1年中的4个阶段示意图

一、无休眠饲养法的特征

无休眠饲养法就是在具备可以加温控制和有良好保温性能的建筑设备的条件下，人为地创造蝎子适宜的生长温湿度和生活环境，打破蝎子休眠越冬习性，蝎子一年四季处于恒温环境中，不受外界自然温度的制约，使其一年四季不停顿地生长发育、交配繁殖。这

样，蝎子在温湿度正常、饲料供给充足的条件下就能顺利地多蜕皮1~2次，成蝎活动正常，孕蝎能提早产仔、分娩顺利，仔蝎成活率明显提高，蝎子完成1个世代只需10~12个月，1年可繁殖2次，比自然条件下生长的蝎子提前两年多成熟。

二 无休眠饲养的温湿度要求

生长期是蝎子在1年内营养生长发育和繁殖生育的最佳时期；填充期主要是蓄积脂肪，储备越冬所需营养，生长发育进展不大；休眠期蝎子停止活动、觅食，新陈代谢缓慢，生长发育停止；复苏期蝎子苏醒出蛰，由于温差大，消化能力差，主要靠躯体的吸湿功能吸收水分，利用躯体储积的营养物质和摄食少量的风化土来维持生命。因此，在一年中食量增加，消化能力增强，活动范围和活动量加大，生长发育、交配繁殖的高峰期只有150~160天，即生长期。

无休眠饲养就是人为地创造适宜的温湿度，加强营养，使蝎子的生活进程明显加快，营养生长期和生殖生长期明显缩短。在蝎子生长和蜕变期内，保持适宜的生长温湿度，使蝎子的生长发育一直很旺盛，活动量大，消化能力和对饲料营养的吸收利用率高，从而使蝎子在一生中不会再出现填充期、复苏期，更不会出现休眠期。

蝎子生存的极限温度为：下限-2℃，上限42℃，蝎子在上、下限温度范围内能够生存。但是-2~0℃和40~42℃时，存活时间很短。12~39℃是蝎子生长发育的适宜温度，32~38℃是蝎子生长发育的最适温度范围。-2~11℃的温度范围，蝎子就开始冬眠。

1. 温度要求

蝎子属变温动物，温度对蝎子的作用最为显著，蝎子的生长发育、交配繁殖等一系列的生命活动都受温度的影响。由于不同蝎龄的蝎子繁殖和成长需求不同，其温度也有差异，例如产期蝎需要32~39℃的温度，初生仔蝎需要在32℃以上的温度下才能成长，而非产期蝎4个月以上最适宜的生长温度为25~39℃。其实在25℃或25℃以下，蝎子虽然不冬眠，但是代谢水平很低，食欲差，消化能力差，投喂的饲料几乎不吃或吃得很少，长期如此，蝎子体内营养消耗殆尽，得不到及时补充，严重抑制蝎子的生长发育，甚至会形成慢性脱水，引起死亡。所以，实行加温饲养，温度要保证达到30℃以上，35℃左右为最好，最高不宜超过40℃。

在无休眠饲养过程中温度的调节必须注意以下几点：一是间歇性加温。当昼夜露天平均温度达到13~15℃时，白天可不加温，利用太阳光的热量来保持饲养室温度，夜间可进行间歇性加温，保持室内适宜温度。北方地区的间歇性加温期是早春3~4月份和深秋的10月份；二是维持性加温。当昼夜露天平均温度降至12℃以下时，必须昼夜加温，并给棚顶加盖草帘，使养室内温度维持在25~38℃，北方地区一般在11月份上旬到次年2月下旬；三是降温期。一般到5月上旬当室内温度达到38℃以上时，可用棚顶遮阴和适当通风法给养室降温，以保持养室适宜的温度。北方地区一般从5月上旬降温至7月份。

2. 湿度要求

湿度的大小对蝎子的生长发育影响较大。蝎子虽然喜欢潮湿，但在不同发育阶段对湿度的要求不一样，湿度过大对其生长也没有利。例如孕蝎需要的环境湿度较小，而产蝎则需要的环境湿度较大。温室中的湿度可以根据蝎子发育阶段而人为地进行调节，一般蝎窝（池）内土壤湿度应在10%~20%，最适宜的土壤湿度为15%~18%，空气湿度为60%~70%，通常可用干湿度计测定。

三 无休眠饲养温湿度的调节

在无休眠饲养过程中，养蝎室（窝）内温度与湿度的适宜与否，对蝎子的生长繁殖影响都很大。因此，必须严格控制并按要求统一协调，在每一次偏差出现之前，即应采取矫正和补救措施，以保证养室内适宜的温度和湿度。

1. 温度调节

一般情况下，需要升温时，可利用阳光增温，即在养蝎室（房）顶部设玻璃天窗，夜盖草帘，中午打开草帘吸收光热，或在室内生火，利用暖气加温。需要降温时，可在室（窝）内喷洒冷水或给蝎室遮阴等。

2. 湿度调节

增加湿度要因季节而异，在炎热的夏季，可在养蝎室（窝）地

面洒水，保持蝎子的供水器（海绵）潮湿，也可在室内挂上几条湿毛巾，以加大空气湿度；冬季可在火炉上坐水盆或在暖气片上蒙湿毛巾（图6-11）。减湿可通过采取将养室活动场所窗门打开通风等措施进行。一般情况下，养室内湿度的大小应与温度的高低成正比，即温度较高时，湿度相应大一些。温度高了，如不加湿，必然出现干燥现象；湿度大了，若不及时加温蒸发，必然会出现高湿现象。在加温的同时，要随时注意湿度变化，在增加湿度的同时，要随时注意温度变化，以协调温度和湿度的关系，以保证蝎子生长发育在适宜的生活环境。

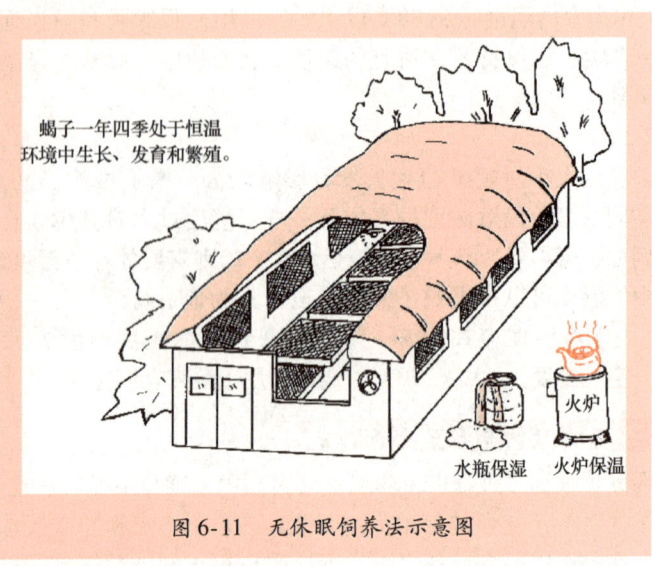

图6-11　无休眠饲养法示意图

四　加温饲养方式

加温饲养就是采取对养蝎室（窝）实行供温，保证各龄蝎对温度的要求，使其常年都能生长、发育和繁殖的一种方法，也称无休眠饲养法。根据加温设备及取暖方式不同，加温饲养蝎子有多种方法，每个饲养场（户）可根据自己适宜的条件进行选择。目前常用的主要有以下几种。

1. 火炕加温饲养法

火炕加温饲养法主要是根据北方地区家庭冬季保暖用的土炕改

进而成。火炕用砖坯砌成,炕面下留烟道呈"日"字形,靠近灶膛一侧有进火口与烧火口并相通,中央烟道与进火口之间设置分火砖,可将烟火分成三股进炕。出烟口与中央烟道相通,连接烟囱通出房外。中央烟道两边埋入数个瓷缸或瓦缸,缸口略高出炕面,缸内垫上5~10cm厚的风化土,上覆沙子,沙子上面再用砖或瓦片垒成垛体。烟道上用土坯棚炕面,上抹麦秸泥3~4cm厚,通过控制烧火次数或加减缸上覆盖物,来调整缸内的温度(图6-12)。

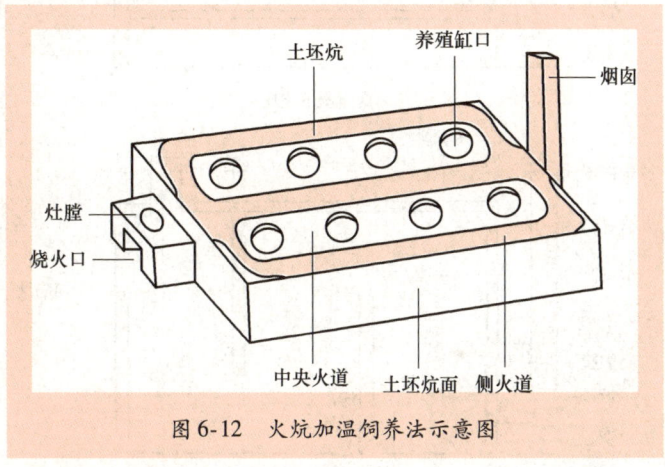

图6-12 火炕加温饲养法示意图

2. 土暖气加火墙加温饲养法

土暖气加火墙加温饲养法要求加温饲养室要坐北向南,两间饲养室中间要砌一道火墙,火墙用新砖砌成,水泥砂浆勾缝,砖外不再抹别的东西。烧火的炉子要建在饲养室的南面、前墙以外,炉内直径约40cm,深约50cm。炉内用6cm直径的无缝钢管做成双马蹄形管,有3根管子通向外面,其中两根管子作热水循环,一根管子作连接水箱之用。把做成的土暖气锅炉卡进烧火的炉膛内,外接暖气片,这样火走火墙,由火墙散热到两个饲养室,再由炉膛的火加热土暖气炉,热能可再利用1次,使养室内温度很快提高(图6-13)。火墙烟道有两种走向,无论采取哪种走向都可以。这样在房内采用盆养、缸养、池养、箱养均可。

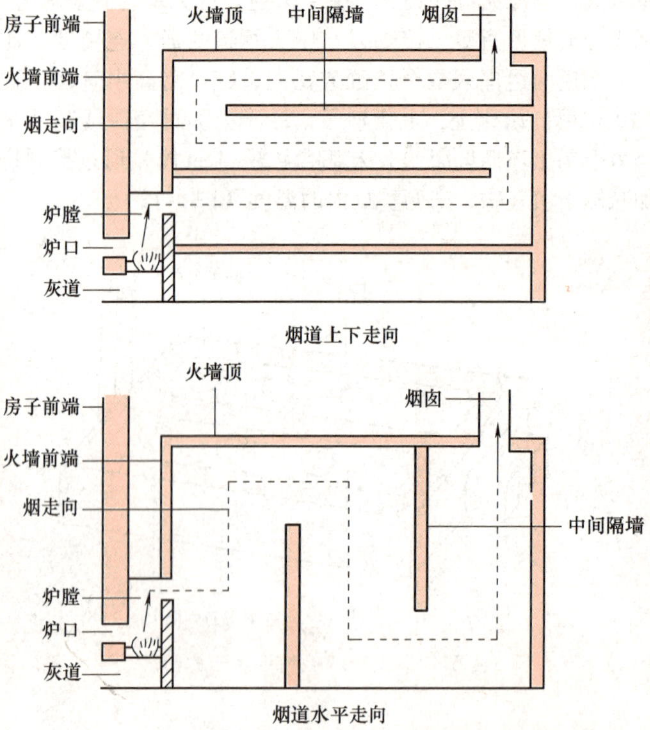

图 6-13　火墙烟道走向示意图

3. 火墙塑料大棚加温饲养法

此法主要是由北方家庭取暖用的"火墙"与种植蔬菜用的"塑料薄膜大棚"两种设备改进结合而成。要求先建筑坐北向南的"九孔火墙"（图6-14），火墙的北墙用土坯水平垒砌，以便更好保温。南墙用立坯垒砌，使墙壁薄，便于散热。火墙高以2m为宜，南北两墙组成槽形通道，一端与烧火口相通，一端与烟囱相接。通道内加挡烟墙隔墙8个，靠近火口一侧间距较小，其他隔墙间距依次加宽。第1挡烟隔墙的留烟孔在隔墙上端，第2挡烟隔墙的留烟口则在下端，依次类推，至第8挡烟隔墙边接通烟囱时为九孔火墙。

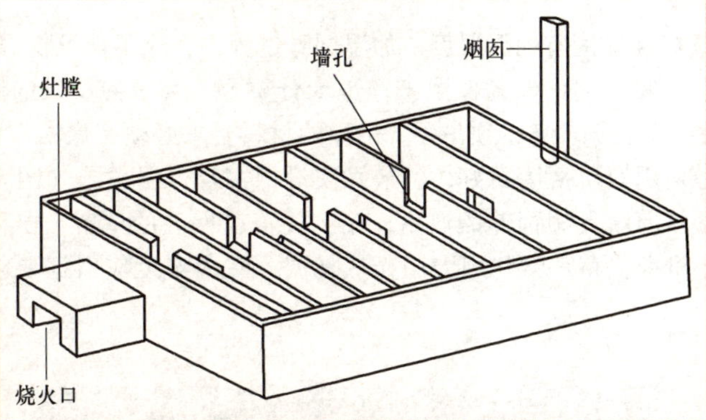

图 6-14 九孔火墙示意图

火墙建成后,沿火墙砌成高0.4m的小棚围墙,南北围墙呈斜坡状,西围墙上安装一个宽0.6m、高1m的外开小门。架设的棚架要平整坚实,架杆不影响采光。向南倾斜面用双层塑料薄膜覆盖。室内为养室,在室内基础围墙的上端镶嵌防逃玻璃条。在靠近火墙的一侧用砖、瓦片或煤渣码置蝎子栖息的垛体蝎窝。早晚利用火墙加温,小门加挂门帘,棚上覆盖草帘,白天则可揭去草帘,以利用太阳热给养室加温(图6-15)。

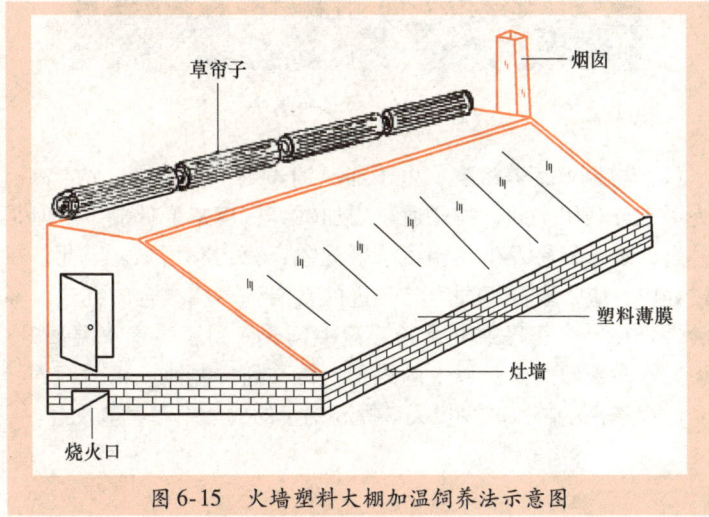

图 6-15 火墙塑料大棚加温饲养法示意图

4. 加温饲养的注意事项

（1）保证适宜的温湿度　加温饲养过程中，除了保证供温以外，饲养室（窝）内的保温保湿工作也十分重要。为了使所供的温度散失得慢一些，饲养室必须吊顶，吊顶的材料要求必须有保温作用，窗户也必须用双层薄膜封好，门最好安设棉帘等保温设施（图6-16）。采用塑料薄膜大棚饲养的温室，棚上要覆盖保温的草帘，白天有阳光时，可揭去草帘，利用太阳光热加温，室内湿度应根据要求协调控制。

图6-16　吊顶的蝎房

（2）控制好饲养密度　由于加温饲养蝎子投入大、成本高，有时为了充分利用空间，往往通过增加饲养密度来降低成本。但是密度过大，蝎子容易发生自相残杀等现象，死亡率增加。因此，在饲养过程中，应采取分组饲养与改进的常温饲养相结合的办法。即将同龄蝎分在一个小区或几个箱、盘中饲养，到了春季气温回升后，把加温室内繁殖的3龄以上的蝎子，转移到常温池或箱内饲养，尽量降低饲养密度，以减少损失，提高蝎子的成活率和养殖效益。

第七章
蝎子的病害与敌害防治

疾病是蝎子养殖生产的大敌,常造成很大的危害,使经营者和饲养者在经济上蒙受重大损失。为了大力发展养蝎业,必须贯彻预防为主、防重于治的原则,做到有病早治、无病早防,综合防治,以确保蝎子养殖业健康发展。

第一节 蝎子常见疾病的预防措施

一 蝎子疾病的发生与传播

蝎子疾病的发生主要由3种因素相互作用而产生,即生态环境、病原微生物和蝎子的机体状况。

1. 生态环境

蝎子对外界生态环境的变化比较敏感,当受到惊吓、捕捉、运输、温湿度突然变化等因素刺激时,容易诱发机体产生应激反应,导致机体抵抗力下降而得病,尤其是外界温湿度的变化是导致蝎子疾病发生的主要生态因子。蝎子是低等变温动物,外界温湿度的变化直接或间接地影响到蝎子的生长发育和繁殖以及新陈代谢活动,蝎子的"春亡"就是因为蝎子冬眠后,机体抵抗力较弱,由于春天气候变化无常,影响蝎子机体正常生理、代谢机能的恢复而造成死亡。若湿度过大,则利于各种病菌、寄生虫的大量繁殖,成为蝎子疾病的病原。

> **【小知识】>>>>**
>
> 应激反应是指机体受到各种强烈因素的刺激所产生的非特异性全身反应，致使机体各系统、组织和器官在形态和机能方面发生异常，抵抗力下降，病原乘虚而入，导致疾病的发生。

2. 病原微生物

蝎子的病害大多数是因病原微生物引起的。病原微生物主要有细菌类、真菌类和病毒类等，它们所引起的病害称为传染病，具有传染性，既可由蝎子个体之间直接接触传染，同样也可通过人、畜、昆虫、饲料、饮水和用具等间接传染。因此，传染病传播快，不易根绝，其危害性最大。另外，还有一些寄生虫病害，又称侵袭病，系由于动物体内外寄生虫的存在而引起，具有流行性。主要病原为原虫、蠕虫、蜘蛛和昆虫等，其危害面广，影响也较大。

病原微生物的存在不一定就会引起蝎病，因为必须具备一定的条件时才会发生疾病。如病原体应有足够的数量，病原体要通过各种途径（如污染了的食物、空气和饮水等）进入蝎体，同时在蝎体的抵抗力差的时候，才可能引起疾病。

3. 蝎子的抵抗力

单纯的环境不适，或者虽然存在许多病原微生物，但蝎子不一定会发病，只有当环境条件差、蝎子不适应、存在许多病原微生物、蝎体抗病能力弱的时候才容易发病。因而蝎子抗病能力的强弱直接关系着是否发病。

蝎子机体抵抗力弱可以通过许多途径提高，如定向培育，或者利用杂交优势，避免种蝎长期近亲交配繁殖。也可以从加强饲养管理入手，给蝎子创造一个良好的生态环境，供给营养全面而丰富的饲料，加强体质的适应能力培养等，增强蝎子的免疫能力和抗病能力，从而减少疾病的发生和传播。

二 养蝎场的卫生防疫

蝎子不像一般畜禽动物那样容易发生传染病而造成大批死亡，但是，如果蝎房内卫生条件不好，温湿度不适宜，饲料和饮水不卫生，也常常会导致蝎子生病，严重时会造成大批死亡。因此，养蝎场必须建立一套以预防为主的卫生防疫制度，并严格执行，以保证蝎子健康生长、发育和繁殖。

蝎场的卫生防疫主要包括蝎场及蝎房环境卫生、食物卫生、蝎房及蝎垛（窝穴）消毒等3个方面。

1. 环境卫生

对于蝎房内堆放的粪便、食物残屑，以及死亡的蝎子，应及时清除，不留污物、残渣，保持清洁卫生，以免饲养室（窝）内细菌滋生，引起疾病发生和蔓延（图7-1）。

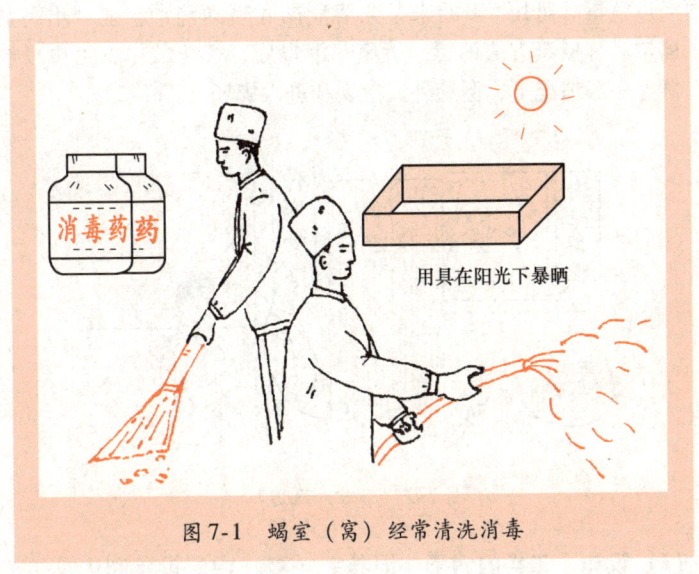

图7-1 蝎室（窝）经常清洗消毒

2. 食物卫生

所谓的食物卫生，主要是指蝎子的饲料和饮水卫生。蝎子的饲料主要有两个来源，一是人工配制的配合饲料，另一是人工饲养的动物性饲料。尤其是人工饲养的动物饲料，饲料卫生需要从饲料动物培育时就要抓紧、抓好。绝对不能投喂变质的、腐烂的食物，以免引起传染病发生。

饮水要清洁、卫生，不能饮用放置多日的"旧水、死水"，更不能给饮污水、脏水。

3. 防疫消毒

养蝎与饲养畜禽一样，对疾病要坚持防重于治的原则。目前，还没有用于预防蝎病的疫苗，只有靠加强防疫性消毒，来降低疾病的发生率，提高蝎子的成活率。消毒工作可分为以下几种情况。

（1）环境消毒　养蝎场区应定期清除杂草、垃圾，环境打扫完毕，用0.02%～0.04%的福尔马林溶液或用2%～3%的氢氧化钠热溶液进行喷洒消毒，以减少环境中病原微生物的发生。

（2）室内消毒　对于新建养蝎室（窝），在清扫以后，或旧的养蝎室（窝）在蝎子成批转出后进行彻底打扫，打扫以后的室（窝）内必须经过消毒。可用5%的来苏儿溶液彻底喷洒消毒，也可用高锰酸钾、福尔马林熏蒸方法消毒，待熏蒸消毒后，气味散尽方可再投放新的蝎群。一般情况下，谢绝外人参观和进入蝎场（图7-2）。

图7-2　不准外人进场

（3）设施及工具的消毒　饲养室（窝）内的设备和工具，常因温度和湿度适宜，可能会有病原微生物附着孳生。因此，凡是能搬动的设施、设备，都必须定期搬出养蝎室（窝），进行消毒灭菌处理再重新使用。对于大型工具或设施可用5%来苏儿溶液或1%的福尔马林溶液喷洒消毒；对于养蝎器皿等小型用具，可用0.1%的高锰酸钾溶液浸泡消毒。

（4）发病蝎室的处理消毒　如果室（窝）内发现病蝎，特别是有发霉现象的死蝎后，应立即清理室（窝）内的活蝎。先将活的健康蝎移到其他养蝎室（窝）内，然后立即清除污物和陈旧饲养土，并对室内和垛体进行消毒。室内消毒可以用5%来苏儿溶液喷洒,也可以用0.02%~0.04%的福尔马林溶液喷洒。对垛体可以用柴草火烧的方法以达到彻底消毒的目的。

第二节 蝎子的常见病害

蝎子的生命力较强,在一般情况下很少生病。目前,尚未发现流行性传染病。常见的病害主要是由于饲养管理不当和环境卫生条件太差所引起。常见病害有以下几种。

一 水肿病

【病因】 蝎子长期处于潮湿的环境中,蝎室(窝)内的沙土湿度大于20%,空气相对湿度长期在85%以上时,蝎子通过体表吸收过多的水分而容易患此病。

【症状】 病蝎各组织严重积水,表现为前腹部膨大、鼓胀,伏地不动,食欲减退甚至完全拒绝吃食,生长发育停止,并多发生死亡。

【防治措施】 本病不需要使用药物治疗,只要降低空气及土壤(尤其是窝内饲养土)湿度,可在1周之内不治自愈,蝎子即可恢复正常。一般情况下,最有效的方法是将蝎子迁移到干燥的蝎房(窝)中,并对原蝎房进行通风干燥。也可向蝎池(窝)内的沙土上均匀撒上一层经过晒干的干燥风化土等,并撤去饮水,同时开门、开窗通风排湿。若是室内温度低于25℃时,可考虑升温。

二 脱水病

蝎子脱水病主要有两种情况:慢性脱水和急性脱水。

1. 慢性脱水病

【病因】 慢性脱水病又称枯尾病或青枯病。是由于养殖环境长期干燥,饲料含水量低和饮水供给不足等引起蝎子慢性脱水所造成。

【症状】 初期先在蝎子的后腹部末端(尾梢处)出现枯黄色干枯萎缩现象,病变部位并逐渐向前腹部延伸。当后腹部近端(尾根处)出现干枯萎缩时,病蝎开始死亡。有时在患病初期,由于蝎子之间相互争夺水分常会发生互相残杀的现象(图7-3)。

图 7-3 蝎子枯尾症

尾根出现干枯萎缩

枯黄色萎缩

【防治措施】 调节活动场地的沙土湿度，增大到 20% 左右。同时投喂含水量高的鲜活饲料虫。饲养土及蝎窝保持湿润，但不可出现明水。也可把病蝎捕移到塑料盆中处理，即盆中放一块湿毛巾或蚊帐布（以不滴水为宜）。一般这样饲养半个月左右，病蝎体内水分就会得到补充，症状就会缓解，不需要使用药物。病蝎恢复正常后，再将其放回饲养池中饲养。

2. 急性脱水病

【病因】 蝎子急性脱水病又称麻痹症、体懈症，主要是由于高温、湿热的突然来临，蝎子十分不适应，在热气的蒸腾下造成的急性脱水现象。尤其是在加温养殖的条件下，温湿度控制不当，极易发生此病。

【症状】 初患此病的蝎群突然活动反常，慌乱不安，大多出穴慌乱走动，继而出现节肢软化，运动功能丧失，尾部拖地，抽沟出现，全身色素加深，麻痹、瘫痪。此病的病程十分短促，从发病至功能丧失 1~2h 即死亡。

【防治措施】 本病重在预防，在加温养殖时，必须注意调节养殖环境的温湿度。防止出现 40℃ 以上烘干性的高温。如果养蝎房内已形成高温、高湿、热蒸状况，蝎子出现爬动缓慢症状时，应立即通风换气，并将所有蝎子移出，进行补水，即在 30~35℃ 的热水中加入少许食盐和白糖，喷洒在蝎体上，喷湿即可。待饲养室内的温湿度变为正常时，再将蝎子移入室内饲养。

三 消枯病

【病因】 蝎子消枯病又称枯瘦病，主要是由于蝎窝长期不换土，窝土过于干燥或蝎子饥饿过度所致，此病常年可见。

【症状】 病蝎表现为全身干燥无光，前腹扁平，不爬行，失去平衡，遇食倒退呈恐惧状，多日不食而慢慢造成日渐枯瘦至死亡。

【防治措施】 加强管理，经常调节窝土的湿度并经常更换窝土，如发现窝土过于干燥，应及时给蝎窝喷洒水分，并要定时定量投放饲料，防止蝎子因饥饿过度而暴食。

对于病蝎，可用土霉素1片、干酵母3片混合研成细粉加水，夹住病蝎后腹部强制喂服，每天两次，连喂3~4天可愈。

四 黑腐病

【病因】 蝎子黑腐病又称体腐病，多是因为饮食了腐烂发霉变质的饲料及腐烂或变质的饲料昆虫、不洁净的饮水，或健康的蝎子食了病死蝎尸后，而导致的一种身体腐烂病。

【症状】 发病初期病蝎前腹呈黑色、腹胀，活动减少或不出穴活动，食欲不振甚至不食，继而前腹部出现黑色腐烂型溃疡性病灶，用手轻轻挤压会有黑色污秽流出。病蝎多在病灶形成时就死亡。该病病程较短，死亡率很高，死蝎身体松弛，组织液化（图7-4）。

图7-4 蝎子黑腐病

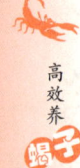

【防治措施】 本病无特效药物，应以预防为主，加强饲养管理。平时要保证饲料和饲料虫新鲜可口，饮用水清洁，经常洗涤盆具（食碟、水碟、海绵等），及时清除蝎池中饲料昆虫的残骸和死亡或变色的饲料虫。发现病原，立即翻垛清池，拣出死蝎焚烧处理，并对死蝎池进行全面喷雾消毒，可用0.3%高锰酸钾或1%～2%福尔马林溶液或1%～2%的来苏儿溶液，对地板、墙壁、垛体砖坯、蝎池喷雾消毒。

对尚无发现病状的蝎子，要及时投药预防。主要方法有：①用酵母1g、红霉素0.5g，拌入0.5kg的配合饲料中投喂蝎群3～5天；②用小苏打2.5g，长效碘胺0.5g，拌入0.5kg的配合饲料中投喂蝎群3～5天；③复合维生素5g，红霉素2.5g，拌入0.5kg的配合饲料中投喂蝎群3～5天；④用大黄苏打2.5g、土霉素0.5kg，拌入0.5kg的配合饲料中投喂蝎群3～5天。

五 霉斑病

霉斑病又称真菌病，因为成熟的真菌呈黑色，故又称黑霉病。该病是一种季节性很强的疾病，一般多集中在高温季节，且往往大面积感染。

【病因】 多是由于蝎子栖息环境长期潮湿（湿度大于20%以上），气温较高，使真菌在蝎子躯体上寄生感染，而引起发病。尤其在阴雨时节，动物性饲料过剩、死亡后发生霉变，容易使真菌大量繁殖，并趁蝎体抵抗力在高温高湿下削减的机会，随着呼吸道和消化道侵入体内，感染蝎体的主要内脏器官，引起身体机能发生障碍，甚至发生内脏器官的病变，而导致发病。一旦发病，极易普遍感染。

【症状】 由于受真菌刺激，患病初期病蝎表现极度不安，往高处或干燥处爬，食欲大减，行动呆滞，稍后因要负重真菌，活动减少，行动呆滞，接着后腹部不能蜷曲，肌肉松弛，全身柔软，体色光泽消退。严重时头胸部、背部、前腹部，出现黄褐色或红褐色小点状霉斑，逐渐向四周蔓延扩大，并成片块状突起，负趋光性不明显，不食，几天后死亡。尸体内充满绿色霉状体集结而成的菌块，是菌丝消耗蝎体内的营养长成菌丝体（图7-5）。

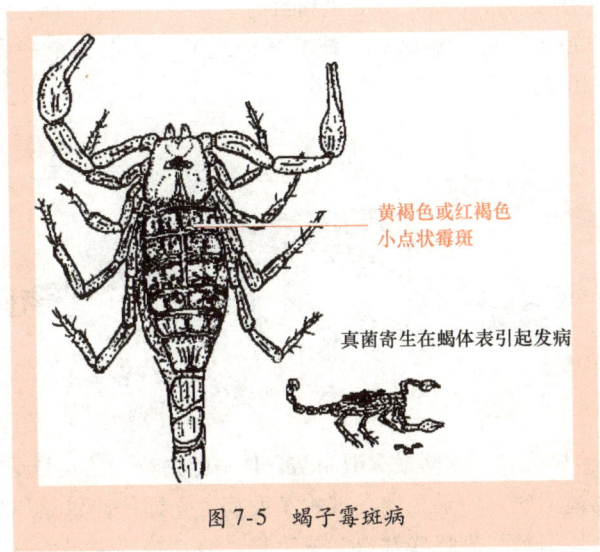

图 7-5 蝎子霉斑病

【防治措施】 本病以预防为主,加强饲养管理。平时要定期消毒,同时调节好环境湿度,保证土壤湿度为 10%~15%,湿度偏低时可用百毒杀(1:600)喷洒消毒;对死亡或变色的饲料虫及时清理,防止饲料发生霉变。

对病蝎,用土霉素(0.25mg/片)1 片,干酵母 1.5 片,加水 400mL,溶解后,用镊子或筷子夹住蝎子的后腹部,强制其饮水,每天 2 次,两天可治愈;环境偏干时,可按每千克水加入 0.125g 灰黄霉素喷到蝎体上。

六 半身不遂症

【病因】 由于长期投喂脂肪含量较高的饲料,使蝎体内脂肪大量积累,加之蝎子的栖息场所环境高温高湿,异常闷热,在此条件下,蝎子因过度湿热,身体循环受阻,导致本病。蝎子一般在 2 龄时易患此病。因病蝎后腹部(尾部)下垂、拖地,故称之为拖尾病。

【症状】 病蝎躯体光泽明亮,肢节隆大,肢体功能降低或丧失,后腹部(尾部)下垂、拖地,活动缓慢而艰难,行走时侧身横向、斜行或打圈行,有的用一边附肢和第 2 对螯肢行走,行走时连

滚带爬。有时伏卧不动,口器呈粉红色,似有脂溶性黏液溢出,用小筷条或镊子轻轻接触病蝎,病蝎反应迟钝,甚至完全丧失知觉。病程5～10天,最后死亡(图7-6)。

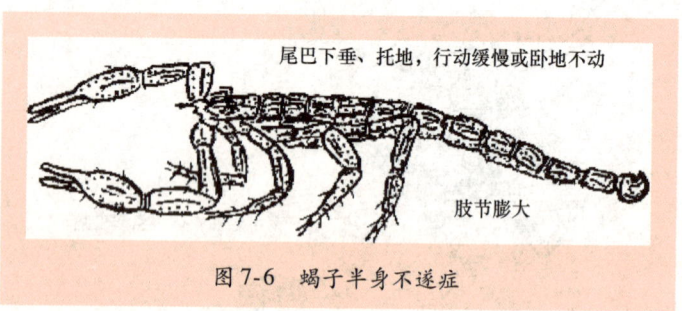

图7-6 蝎子半身不遂症

【防治措施】 不喂或少喂脂肪含量高的饲料,尤其是蚕蛹等肥腻的动物性饲料。如果早期发现蝎子发病,立即停止供给脂肪含量高的动物性饲料,改喂些鲜槐叶或苹果、西红柿等果品,其症状可以慢慢自行缓解而痊愈。或对病蝎停止供食3～5天,然后再用大黄苏打片3g、炒香的麦麸0.5kg、水60mL,拌匀饲喂,直到病愈为止。并注意调节环境和垛体的湿度。在室内高温时,池土湿度不能过大,空气相对湿度不能长时间超过85%,保持蝎房通风透气。

七、步足发黑病

【病因】 该病一般认为是由于蝎子被蚂蚁咬伤后所致,但实际上在没有蚂蚁等虫子时也常发生,还具有一定的传染性。有时使用西药喷雾或消毒后容易发生,尤其是在室内加温饲养情况下多见。另外繁殖5年以上的老蝎也容易发生此病,有关病因有待于进一步探讨。

【症状】 患病后蝎子开始步足伸展不开,在受到惊吓或危急时,蝎子本能逃避,但因步足疼痛只能乱跳乱翻。病蝎不食不饮,步足、螯肢等节间慢慢发黑,有些脚须发黑变干,或者断掉,以致失去行走能力,有的腹部也见到黑斑,最后死亡。

【防治措施】 为有效地防治本病的发生,在建蝎室(窝)时要将墙壁下的蚁穴堵死,往蝎窝内填土时注意不要将蚂蚁随土带入,一旦窝内有蚂蚁要及时杀灭。蝎子一旦患病很难治疗,繁殖5年以上的老年蝎及时淘汰做药用，加温养蝎时注意通风。

八 便秘病

【病因】 便秘病多是由于食物质量不好或是蝎房土壤干燥，湿度低于5%时，蝎子进食后因体内缺乏水分，导致粪便堵塞而排不出去。

【症状】 病蝎肛门堵塞，粪便排泄受阻，有大便动作，但排不出粪便，食欲减退，活动和反应呆滞，机能失调。仔细观察其后腹部，会发现颜色逐渐由深变浅，至呈灰白色，且白色范围越来越向前腹部方向发展，当扩展到腹部第1节时，病蝎便会发生死亡。解剖蝎子发现肠道内粪便集聚，靠近肛门的粪便干燥，堵塞肛门，向后呈稀软状，充满整个肠管，粪便成白色，蝎体壁白中泛黄。

【防治措施】 加强饲养管理，改善蝎房环境，保持饲养土壤有适宜的湿度，同时应经常检查空气湿度，如过于干燥应及时喷洒清洁的水，以维持湿度。另外，在夏季应充足供应清洁卫生的饮水。

对于便秘蝎子，应及时供给充足的饮水，强迫其饮用，以便通便排泄，缓解其症状。也可将大黄苏打片2片研磨后溶于少量酒中，然后加水1 000mL，喷雾蝎池和蝎体，每日喷1或2次即可。

九 胃肠炎

【病因】 蝎子胃肠炎是由于摄取了被大肠杆菌污染了的食物或饮水而感染的一种细菌性传染病。大肠杆菌是条件菌，如果蝎子抗病力强，就可以抑制或杀灭大肠杆菌而不发病。但是，当蝎体抗力差，易发生本病死亡，幼蝎发病率较高。夏季高温、高湿，大肠杆菌易生长繁殖而污染食物和饮水，所以蝎子发生胃肠炎病较多。

【症状】 初期病蝎食欲下降，精神不振，活动减少，由于肠道受到毒害而导致机能失常，发生腹泻，排出水样发臭的粪便，并常滞留肛门，蝎子常因缺乏营养物质及脱水而显得消瘦，同时，又由于胃中、盲囊中的食物未消化而发酵，产生大量气体，致使腹部膨胀，粪便中见有大量气泡。病蝎经3~5天的腹泻，身体极度虚脱而死亡。孕蝎患了胃肠炎，往往会发生流产和死胎现象，影响繁殖。解剖死蝎可见其腹部干枯，胃肠中空，充满黏液、气泡。胃肠道充血，黏膜脱落，盲囊中空，肝充血肿大。

【防治措施】　保持食物和饮水的清洁卫生是预防本病发生的重要措施，严防病从口入。平时投喂食物要注意质量，保持蝎子的良好食欲和消化吸收力，提高抗病力，对防止胃肠炎的发生有重要作用。对于病蝎可按每千克体重蝎子用0.2g土霉素，放入饮水中投喂，每日1次，连喂3~5天。或按每千克体重在黄粉虫饲料中，加入0.15g磺胺脒饲喂黄粉虫，经过30~60min后，再取黄粉虫投喂蝎子，每天1次，连喂3天。

✚ 胀肚病（大肚子病）

蝎子胀肚病，又称大肚子病、腹胀病、消化不良病。

【病因】　由于饲养管理不良，蝎子栖息的环境湿度偏低，蝎子受凉，或进食过量，导致消化生理机能障碍，食物停滞在消化道中发酵产生大量气体，以致腹部膨胀。此病多发生在早春气温偏低及晚秋低温时节。

【症状】　病蝎表现食欲下降，捕食不主动、不积极，排粪异常，粪便时硬结时稀烂，时多时少。若不采取措施，一般10~15天便开始死亡。孕蝎一旦患病，可造成体内幼蝎孵化终止或不孕（图7-7）。

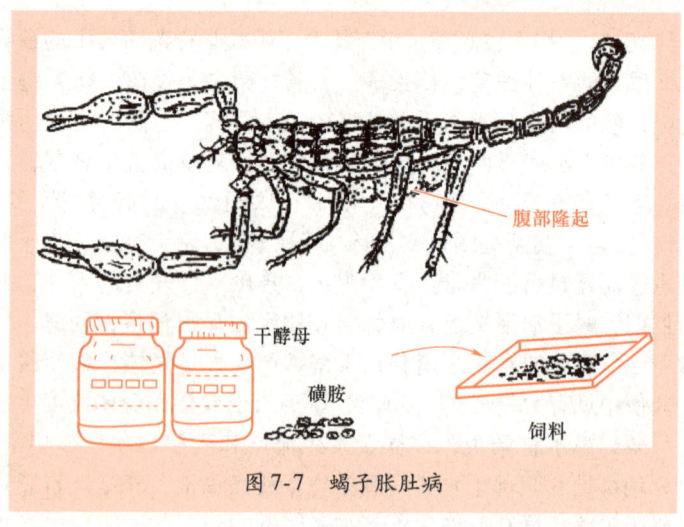

图7-7　蝎子胀肚病

【防治措施】 发现患蝎腹胀，应立即停止供食几天，把温度缓慢调节到20℃以上。预防则在春季和晚秋低温时注意保暖，并尽量少投饲料，保证蝎子消化能力正常，可防止此病的发生。

发病后可用多酶片或干酵母1g，长效磺胺0.1g，与100g饲料拌匀喂至痊愈。也可用干酵母、大黄苏打片研磨后溶于水，配成35%左右的药液，最好加少许碘盐，用于喷雾蝎身，同时加温，促使蝎子活动，以便增强消化、吸收能力，加快对体内过量营养物质的消化吸收。

十一 蝎螨病

【病因】 由于长期潮湿，特别是蝎室（窝）潮湿，使螨虫大量产卵繁殖，或由带螨的蝎子、沙土、器具、黄粉虫等介质传播而致。

【症状】 蝎体逐渐消瘦，饮食减退且活动减少，表现出极度不安，浑身瘙痒，有时会乱爬乱撞，极少会造成死亡，但较严重者会衰竭致死，部分死蝎腹部生殖厣、栉状器有黏液。仔细观察，会发现蝎子步足、头胸、口器附近、腹部等处有黄粉末状的螨菌，白色的螨虫随处可见。

【防治措施】 定期做好消毒工作，用2%~3%福尔马林液或百毒杀（1∶600）溶液对蝎室、蝎池喷洒消毒。注意不能长期潮湿，若潮湿，可更换沙土或用暴晒消毒过的干燥老土泥撒在潮湿处。

对病蝎，可用20%三氯哒乳油稀释1 500倍，幼蝎使用2 000倍稀释液喷雾，杀螨效果达93%~95%。使用中药杀螨效果更为理想。用法用量：将20%三氯哒乳油稀释后，直接到蝎池喷雾，最好晚上8~9点蝎子出窝活动时喷雾，可直接喷到蝎体，注意喷瓦片、砖坯垛体的空隙，直喷到池湿为止，喷后最好开门1~2h，这种喷池法要求池土的黏性不是很大。中药杀螨剂由于不易产生耐药性且对蝎子的生长发育影响小，而值得推广。

十二 流产

流产是指还未到产期而提早产出仔蝎的情况，产出的仔蝎由于内部各种器官还未成熟，所以生命力很差，难于生存，因而造成减产。

【病因】 孕蝎饲养密度过大，互相挤压，互相咬斗，受到惊吓、摔跌；运输孕蝎不得法，中途震动，颠覆过大，互相堆压；人工捉取孕蝎腹部时，用力过大等，这些机械损伤都会导致流产。孕

蝎突然受到噪声惊吓、特殊气味刺激、受凉都会导致流产。吃下发霉变质，污染了农药的食物和饮水或刺激性大的药物，孕蝎也会流产。此外，在发生传染性疾病时，也常会造成流产。

【症状】　孕蝎流产前主要表现急躁、慌乱不安，到处爬动，并提前产出发育未成熟不能成活的仔蝎，产后很快死亡。

【防治措施】　该病目前无特效药治疗，只要加强饲养管理，针对性地做好预防工作，即可以防止流产的发生。平时要保持孕蝎良好的生态条件，提供适宜的温湿度，防止噪声、强光的干扰。提供营养全面、清洁卫生、无污染的食物和饮水。运输孕蝎时，运输量不宜太多，密度不宜过大，运输过程中尽量减少震动。对流产的蝎子，应早发现早处理，以减少损失。

十三　死胎

死胎是指孕蝎产下已经死亡的胚胎（仔蝎）。死胎的出现极大地降低了蝎子的繁殖率。

【病因】　隔年失配或连年失配的雌蝎，产仔的质量下降，产出弱仔蝎和死精卵；长期缺乏食物和饮水，使胚胎得不到足够的营养物质而中断发育，或因孕蝎年老体弱，其组织器官功能退化，体液失调，以及孕蝎受到机械性损伤或其他物理性伤害、化学性刺激，都能引起仔蝎发育不全，或体内孵化终止而产生死胎。

【症状】　发生流产的雌蝎产下的全部为死蝎。产出的死精卵，是因精子死亡或胚胎芽死亡而形成，米黄色呈圆粒状，直径1mm左右。弱精仔蝎，发育基本成形，但不完全成熟，娩出后未能爬上母背即死亡，通常和死精卵同时娩出。

【防治措施】　加强日常的饲养管理，不用衰老的雌蝎作种蝎配种繁殖，选择青壮年蝎作种蝎；雌雄蝎比例适宜，使产后的雌蝎及时配上种；为孕蝎创造适宜的生活环境，避免出现干燥、缺食现象，避免种蝎在怀孕的后期受到意外的伤害和惊吓。

第三节　蝎子的天敌防除

蝎子个体小，防御能力弱，易受不怕蝎毒的小型动物的袭击。

因此，在养蝎生产中，要加强对天敌的防御。蝎子的天敌很多，主要有老鼠、螳螂、鸡、鸭、鸟、蛇、壁虎、青蛙、蟾蜍、蚂蚁、黄鼠狼、蜥蜴等。但人工养殖时，最主要的防备对象是蚂蚁、老鼠、壁虎、鸟和鸡等动物。

一 蚂蚁

蚂蚁虽小，但无孔不入，很容易侵入蝎场，然后集聚起来，向蝎子发起集体进攻，对养蝎威胁最大。它不仅争夺蝎子的食物，同时还咬食蝎子，尤其是防卫能力相对较低的仔蝎和正在蜕皮的幼蝎，以及体弱的病残蝎和处于繁殖期的雌蝎。

蚂蚁侵入蝎群后，蝎子受惊扰而四处奔逃，尽量躲避。如果未能及时避开而与之遭遇，一般会发生冲突，互相争斗。当蚂蚁数量较多时，则蝎子（即使是成年雄蝎）也难敌蚁群，最终被咬死、吃掉。如果蚂蚁数量少，只是零星几只，则蝎能用强大的触肢将蚂蚁一只只钳住送入口中吃掉，而摆脱危机。

【防范方法】

1）建养蝎池以前，地面土层要夯实，防止蚂蚁打穴进入。在蝎室周围筑小水沟，或把西红柿秧蔓切碎，撒在饲养区隔墙外四周（图7-8）。

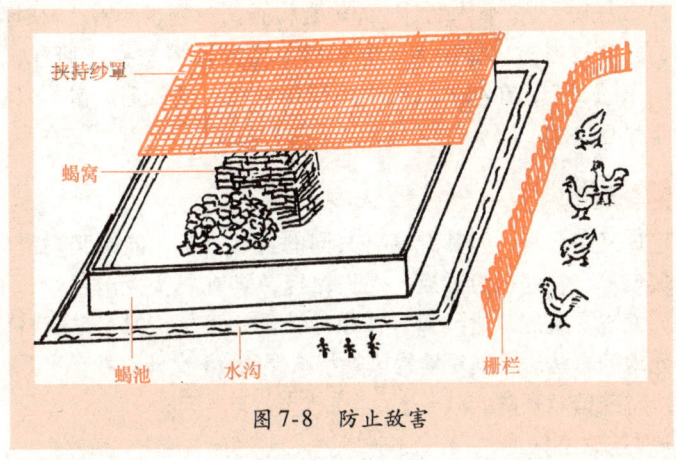

图7-8 防止敌害

2）检查蝎池培养土有无蚂蚁和蚁卵。

3）对于没有放养种蝎的蝎房（新建蝎房或迁出后的空房），可用高锰酸钾和甲醛熏蒸，也可用磷化铝片封闭熏蒸，几个小时后，再开门通风、清除污气，即可达到灭蚁的目的。由于此气对人、蝎均有害，所以必须小心使用。这种方法可以达到完全根绝的效果。

4）如在蝎窝内发现蚂蚁，可用煮熟的肉骨头放进蝎窝内诱杀。必要时还要进行翻窝换土，彻底清除。也可用毒蚂药杀死蚂蚁。

5）用灭蚁药粉撒在蝎池周围，可以较长时间内获得防蚁效果，并可将蚂蚁毒死。

灭蚁药可以自制，配方如下：奈（卫生球）粉50g、植物油50g、锯末250g，混合拌匀即可。

二 老鼠

老鼠善爬高，能打洞。它不仅危害蝎子和蝎子的饲料虫，而且破坏养蝎设施。老鼠在夏季前后，一般不敢轻易潜入蝎窝，以防蝎子蜇伤。而到了冬季，当蝎子团聚在一起不食不动，开始越冬时，老鼠便会潜入冬眠蝎窝，连吃带咬，危害严重。

【防范方法】

1）经常打扫垃圾等杂物，消除老鼠的藏身之地；饲养室（池）内打水泥地板或铺砖，以防老鼠打洞。

2）蝎子进入冬季休眠后，应经常检查门窗是否严密，及时堵塞鼠洞，并安放鼠夹、捕鼠笼、电子捕鼠器等器械诱捕或堵塞鼠洞。为了蝎子的安全，在捕鼠过程中不要用农药、气体药灭鼠，以免蝎子中毒死亡。

三 壁虎

壁虎又名守宫，因其趾端有共同的盘状趾垫，能攀爬润滑的墙壁、玻璃等，它的行为矫捷，擅长钻缝，具有昼伏夜出习性，不易被人们发现。壁虎蹿进蝎窝，往往导致同归于尽，但它也有将蝎子置于死地的方法。尤其对幼蝎风险特殊严峻，1次即可吞食十几只幼蝎，应特殊留意预防。

【防范方法】

1）封闭蝎房门窗，不留任何裂缝，可钉上纱窗，养殖池或蝎窝

上加盖塑料纱罩,防止壁虎出入。

2)清除蝎窝周围的堆积物,不让壁虎有藏身之处。

3)经常检查室内墙壁,发现孔洞及时堵塞,防止壁虎进入养蝎室。夜晚用手电筒进行检查,发现壁虎,及时捕杀。

四 鸡和鸟

蝎子一般多夜间出来活动,但在人工养殖池内饲养密度大的情况下,白天也有爬在墙上的。农户养蝎如果房檐不密闭或进出不关门,鸡、鸟就可能蹿进蝎室饱餐一顿,尤其是麻雀危害最大,对5龄以下的幼蝎危害严重。

【防范方法】

为了防止鸟雀和鸡的危害,要堵严房檐、墙壁、门缝及漏洞,出入关门,养蝎池上面必须加盖,养鸡必须圈养或采取相应措施阻挡鸡进入蝎房,切忌鸡、蝎混养在一个房院内(图7-9)。

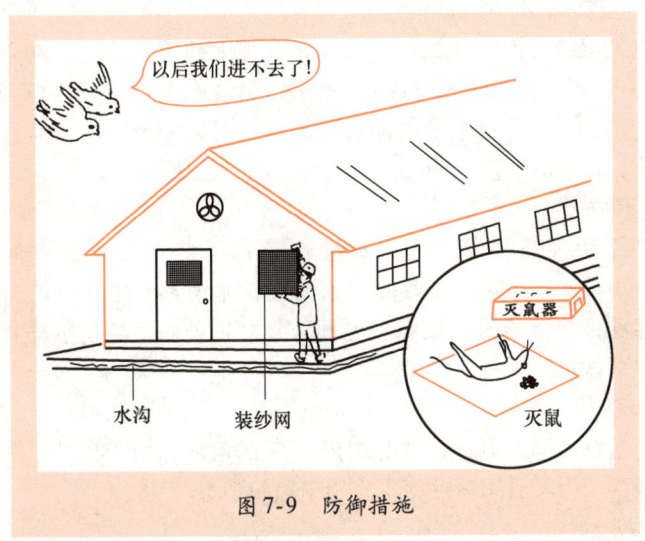

图7-9 防御措施

另外,蜘蛛虽可作为蝎子的食物,但也是蝎子不可忽视的天敌。一只不大的蜘蛛,可用蛛丝将比自己体重大几倍、几十倍的蝎子紧紧缠住,然后再慢慢吃掉。因此,也要注意防范蜘蛛对蝎子的侵害。

第四节 蝎场常用消毒药物

一 常用消毒药物的种类

1. 来苏儿

来苏儿为含甲酚50%的溶液,有较强的杀菌作用,常用其2%的溶液作创面、手指、器械消毒。5%~10%的溶液用于蝎舍、用具消毒。

2. 漂白粉

漂白粉为一种粉剂,遇水放出氯和新生氧而起杀菌除臭作用。主要用于水的消毒和环境及排泄物的消毒。

3. 生石灰

生石灰为碱性物质,用其干粉撒于潮湿的地面主要起到干燥作用。将其配制成10%~20%的新鲜石灰乳,可用于地面、墙壁、围栏、污水沟的消毒。

4. 氢氧化钠

氢氧化钠又称苛性钠、烧碱,具有强大的杀菌作用,能杀死细菌、芽孢和病毒。2%~5%的氢氧化钠热溶液主要用于环境和一些用具的消毒。本品对金属制品有腐蚀性,对动物及人的皮肤和黏膜有损害,使用时要多加小心。

5. 高锰酸钾

高锰酸钾属强氧化剂,在酸性条件下氧化性更强,常配成0.1%~0.2%的溶液用于黏膜、创面或饮水消毒。用0.1%~0.2%的高锰酸钾溶液给蝎子饮水,可预防某些传染病,与福尔马林加在一起,可做甲醛熏蒸消毒用。

6. 酒精

酒精是乙醇的俗称,常配制成75%的溶液,用于皮肤、手术器械等消毒。因具有刺激性,不宜用于黏膜消毒。

7. 碘酊

碘有强大的杀菌作用,配成2%~3%的溶液用于皮肤消毒,用后应用75%的酒精洗脱碘。因其刺激性强,不能用于黏膜消毒。

8. 新洁尔灭

新洁尔灭具有杀菌力强、作用快、毒性低、刺激性小等特点,

0.1%的新洁尔灭溶液用于手臂及皮肤消毒；0.01%～0.05%的新洁尔灭溶液用于器械消毒。

9. 洗必泰

洗必泰具有较强的广谱抑菌、杀菌作用，是一种较好的杀菌消毒药，对革兰氏阳性和阴性菌的抗菌作用，比新洁尔灭等消毒药强。常配成0.02%的水溶液用于手臂消毒，0.05%的水溶液用于手术部位皮肤消毒，0.1%的水溶液用于饲养用具及器械的消毒。

10. 过氧乙酸

过氧乙酸为强氧化剂，有很强的氧化性，为高效、速效、低毒、广谱的杀菌剂，对细菌繁殖体、芽孢、病毒、真菌均有杀灭作用。因此可用它来进行杀菌、消毒。此外，由于过氧乙酸在空气中具有较强的挥发性，对空气进行杀菌、消毒具有良好的效果。常用0.2%～0.5%的溶液喷洒或熏蒸消毒蝎舍、墙壁、地面、用具、食槽等。

11. 福尔马林

福尔马林通常是指30%的甲醛水溶液，它具有腐蚀性，可以使细菌的蛋白质变性。通常配成1%～5%的水溶液喷淋消毒，并可在密闭房舍内用其蒸气熏蒸消毒10～24h，每立方米用本品20～80mL，加10～40g高锰酸钾，对细菌、芽孢、真菌、病毒和一些寄生虫卵及幼虫均有杀灭作用。

二 消毒药物的应用

1. 环境消毒

养蝎场区要定时清除杂草、垃圾，环境打扫完毕后，用0.02%～0.04%的福尔马林溶液进行喷洒消毒，以减少环境中的病原微生物的发生。

2. 室内消毒

新设的养蝎室清扫以后，或旧的养蝎室在蝎子成批转室后要进行一次彻底打扫，打扫以后的室内必须经过消毒。一般可用5%的来苏儿溶液喷洒，或用熏蒸方法消毒。熏蒸方法消毒适宜于室内空间不大的情况，即按1m³空间14g高锰酸钾、28mL福尔马林溶液的比例量，在房间中间放一个陶瓷容器，按空间称取所需的高锰酸钾放在陶瓷容器内，把按空间量取的福尔马林溶液倒在高锰酸钾上，关闭好门窗。待熏蒸消毒后气味散尽方可再投放新的蝎群。

3. 发现病蝎后的处理与消毒

如果在蝎室（窝）内发现了病蝎，特别是发现了发生霉斑病的死蝎子后，应立即清理室（窝）内的活蝎，将活的健康蝎子转移到其他清洁的养蝎室内饲养，然后立即清除污物和陈旧的饲养土，并对室内和垛体进行彻底消毒。室内消毒可以用5%的来苏儿溶液喷洒，也可以用0.02%～0.04%的福尔马林溶液喷洒。对垛体可以用柴草烧的方法达到彻底消毒的目的。

4. 设施及工具消毒

养蝎室内的设备和工具，因在养蝎过程中，室内温度和湿度适宜，可能会有病原微生物附着孳生，因此，凡是可以搬动的设备和工具，都必须定期搬出养蝎室，进行消毒灭菌后再重新使用。一般较大型的工具或设施、用具，可用5%的来苏儿溶液或1%的福尔马林溶液喷洒消毒，养蝎的器皿可用0.1%的高锰酸钾溶液浸泡消毒。对无法挪动的设施和工具，如蝎房地面、通道、墙壁、天棚、门窗、垛体、设备等，均可用3%的过氧乙酸溶液喷雾消毒。

5. 消毒池消毒

蝎场大门口应该设置消毒池，池内可放入2%的氢氧化钠溶液或3%的来苏儿溶液。消毒池的大小可依据养蝎场的实际情况而定，药液一般要求每2天更换1次，主要是对进出车辆、人员进行消毒（图7-10）。

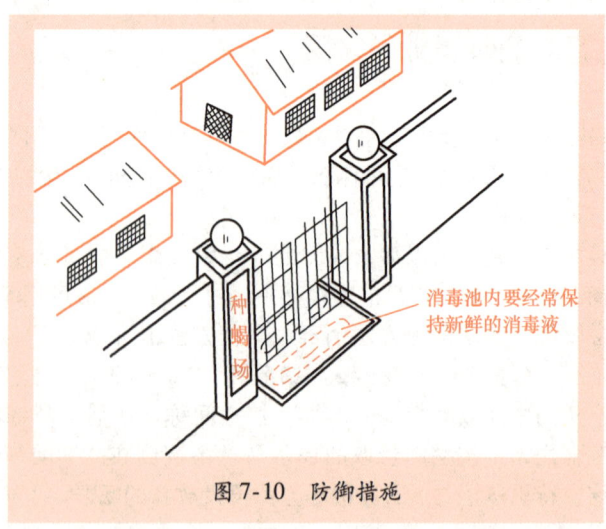

图7-10　防御措施

三 注意事项

1）正确使用消毒药物，按消毒药物使用说明书的规定与要求配制消毒溶液，药量与水量的比例要准确，不可随意加大或减小药物浓度。配制消毒液的水，一定要清洁干净，不能用汪坑水、河水和污水，最好是使用蒸馏水或清洁的自来水。

2）不准任意将两种不同的消毒药物混合使用或消毒同一种物品，因为两种消毒药物合用时常常因物理或化学性的配制禁忌而使药物失效。确实需要混合时，要先取少量混合后看其有无不良变化再决定。

3）消毒时要严格按照消毒操作规程进行，事后要认真检查，确保消毒效果。

> 【提示】 蝎子对气味比较敏感，在选择消毒液时要尽量选择气味小、对蝎子无刺激性的药物。

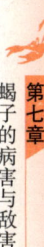

第七章 蝎子的病害与敌害防治

第八章
蝎子的采收、运输、加工与保存

在人工养殖条件下,为了充分利用养蝎设备和场地,省工、省料,加速资金周转,提高经济效益,必须对蝎子适时进行采收、加工、出售和保存。

第一节 蝎子的采收

一 采收原则和最佳采收时间

1. 采收原则

蝎子的采收按不同的经营目的有不同的要求。在自然温度下,经过3年培育饲养的蝎子都可以采收。但为了繁衍后代,发展养蝎事业,人工养蝎一般应挑选采收,采收的原则有以下几点。

1)饲养时间较长的即将淘汰的雌雄蝎。
2)母性差、产仔率低的初产蝎或经产蝎。
3)生长发育差的弱蝎、残肢蝎和病蝎。
4)超过雌雄交配比例的雄蝎。
5)近亲交配的雌雄成蝎。

2. 最佳采收时间

蝎子的采收时间,雌雄蝎应分别对待,雄蝎除继续留种的外,其余在交配后采收;雌蝎宜在产仔后的立秋至处暑期间采收,这样可节约饲料;待产孕蝎的出售,宜在产前1~2个月收集。至于平时发现一些病蝎和未曾变质的死蝎,应随时采收加工,迅速处理,一般都不会影响药用价值。野生蝎一般于春、夏、秋三季捕捉,以春天蝎子出蛰后捕捉为最佳。

二 采收工具与方法

1. 采收工具

由于蝎子具有攻击性，身上有毒，捕捉时不小心会被蜇伤，致使工作效率下降，所以收取蝎子不易徒手进行，必须有一些必要的捕捉工具。最常备的工具有毛刷、小塑料盆和簸箕、镊子或竹筷子、手套、橡胶鞋和装蝎容器。另外，尚需要准备一些其他物品，如酒、手电和有关的药品，预防被蝎子蜇伤后的处理。

毛刷主要是在收捕房养蝎时进行扫收，或池养、盆养等将瓦片或砖块上附着的蝎子扫入盆中，以及将池和盆中的蝎子扫收。毛刷可选用中号油漆毛刷，既细密，又柔软适当，既能扫蝎子又不至于伤害蝎子，并且还不藏蝎子。在采收蝎子时，一般先将蝎子扫入小塑料盆或簸箕中，然后再集中倒入大塑料盆中。

捕捉蝎子时，一般使用竹筷子或镊子，以防伤害蝎子，尤其是怀孕雌蝎更应该小心。如果使用金属镊子，最好使用塑料包裹。镊子的规格没有严格的要求，但是要求不能太小、太细，一般长 15～20cm，前面宽以 1cm 左右为宜，只要便于操作、实用、廉价即可。

2. 采收方法

采收蝎子的方法应根据养蝎的方式、设备和数量决定。

（1）池养蝎的采收 一般在白天进行，用中大号毛刷子直接将蝎窝内的蝎子扫入簸箕内，再倒入内壁光滑的桶或塑料盆内；然后把蝎窝内瓦片逐块揭起，将藏在瓦片上的蝎子扫出，同样放在塑料盆内。最后再对桶或塑料盆中的蝎子进行挑选，把青年蝎、幼蝎以及健壮的雌蝎、孕蝎留下来，其余的则进行加工处理。

（2）房养蝎的采收 房养蝎可采用酒熏法捕捉，即在采收前，用低度白酒（30°米酒为佳）或酒精向蝎房内喷洒，喷后立即关好门窗，仅墙脚两个出气孔不要堵塞，稍等片刻，约 20～30min，酒气充满房内，蝎子忍耐不住酒味，便会从出气孔逃窜出来，掉入事前放在出气孔下面的盆内，然后再进行挑选。

（3）缸养和箱养蝎的采收 只要将缸、箱内的砖瓦片掀起或捡

起，便可看见蝎子，然后把蝎子一一扫入盆内。对于孕蝎，宜用夹子或竹筷，轻轻夹住其前腹部与后腹部的交接处即可，要轻捕轻放，小心夹伤。

（4）散养蝎的采收 在散养场或山上放养的蝎子采收难度稍大一些，因为山上放养或散养场养殖蝎子，饲养面积大、蝎子活动范围大、密度小不集中，其活捕很难采取扫、诱的方法，最有效的方法是在夜间用手电筒加镊子进行捕获。捕捉时一般于晚上用手电筒照射放养区，蝎子见到光线即伏地不动，这时用镊子轻轻夹住蝎子的尾巴或后腹部，夹起放入塑料盆中即可（图8-1）。

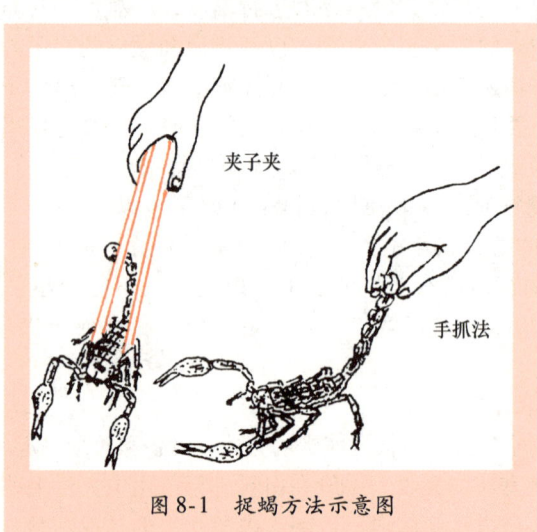

图8-1 捉蝎方法示意图

⚠【注意】 在收捕蝎子过程中应注意遵循"收大不收小，收公不收母"的原则。

不论采用何种方法采收，首先要注意劳动防护，谨慎操作，防止人和蝎子受伤，然后对采收的蝎子进行分拣。在采收的过程中，如果发现病蝎、死蝎，要及时拣出，并对蝎窝或蝎房采取相应的消毒措施。

第二节 蝎子的运输

蝎子的运输一般是指活蝎的运输，因为加工后蝎子的运输不存在多大的困难和问题，只要注意外包装不损坏、不压碎内包装即可。但是活蝎运输首先要保证蝎子的成活率，尤其是种蝎的运输，不但要保证运输途中的成活率，而且还要保证到达目的地后恢复体力之前的成活率。同时，还要注意，活蝎子有毒，如果包装不好，蝎子跑出来还会蜇伤人畜，所以必须讲究运输方法。活蝎运输因所运蝎子的数量多少以及路程远近而采用不同的方法。

一 塑料桶法运输

塑料桶法运输蝎子即是指使用圆形塑料桶运输蝎子的一种方法。

装桶时为了运输过程中蝎子能在桶内通风透气，可以先将胶桶盖用烧红的铁丝穿孔，也可以用电钻等器械在桶的上方多穿几个孔，孔的大小以蝎子钻不出来为宜。然后在胶桶内装入几块消好毒的鸡蛋托，一是为了不让蝎子互相挤压；二是能使胶桶内形成一个暗的环境，避免蝎子见光乱跑乱动，产生应激反应。鸡蛋托的高度离桶口 5cm 左右，这样，蝎子就不能从桶里爬出来跑掉。然后把需要运输的蝎子，根据桶的规格称取重量，一般一个规格为 22L 的胶桶内不能装载超过 3kg 的蝎子，桶大的或桶小的可适当增减。装好蝎子后把桶盖盖上，两对角粘上透明胶或用包装袋绑上，使盖不能打开。这样形成两个防跑的保障，即在开盖时蝎子不能上到胶桶，方便装蝎；而盖上盖后，即使胶桶由于运输震倒或不小心碰到，蝎子也不能从里面跑出来，这样也可以随身携带进行长途运输。

该方法适宜于运输少量的蝎子，即几千克或十几千克蝎子，长途或短途都可适用。如果需要运输的蝎子只有 10kg 左右，可用胶桶运输。

二 塑料盆法运输

塑料盆法运输即是指使用方形塑料盆子运输蝎子的一种方法。

装盆时先在离盆口 2cm 处，沿四周打 1 排或 2 排孔，打孔方法、孔的大小及数量同塑料桶装法。把消毒好的鸡蛋托放几块到塑料盆中，然后把蝎子倒进去，一般规格为60cm×40cm×30cm的盆子可装5~6kg蝎子，根据盆子的大小可适当增加数量。使用方形盆法运输蝎子，多采用叠装法，即一个方形盆叠一个方形盆，高度一般3~4层，高者可达到7~8层，但是必须保证稳固。为了加强盆子的稳固性，可用5cm宽的透明胶带将每一叠的盆与盆之间和每一叠与每一叠之间粘连好，使其成为一体，这样就非常牢固。若运输量不是很大，不需要叠装时，可在盆口上封上纱窗网，而盆口周围就不需要再打孔。

该方法适宜于长途和大量运输蝎子，一般载重量1吨的货车一次能运500kg左右。若是在盆中放置一些饲料虫，一般3~4天没有什么问题。

三 编织袋法运输

编织袋法运输即是指使用尼龙编织袋运输蝎子的一种方法。

运输时先将种蝎装入洁净、无破损、无毒害的编织袋内，装运密度为每袋500只左右，在离袋口5cm处用包装袋扎好袋口，以防止蝎子逃出。然后将编织袋平放入底部有海绵或纸板、纸团等的包装箱中，尽量使蝎子均匀地伏于平面上，减少因互相挤压而造成的损伤。在离下层编织袋3~4cm处用竹片或小木条搭一个平台，然后再放上一个编织袋，一般一个包装箱内以放3~4层为宜，一个包装箱可以装6~8kg蝎子。蝎子放好后，包装箱用宽5cm的透明胶带封好即可。运输过程中要避免剧烈震动，夏季运输要注意防高温，冬季要注意防寒。

该种方法适用于大量运输，但运输的时间不能太长，一般不宜超过1天，通常长途飞机运输或短途运输多采用此法。

第三节 蝎子的加工方法

一 加工蝎子的选择

目前，虽然市场上蝎子供不应求，但是繁殖能力好的成年雌、雄蝎不能被加工利用，必须让其继续繁殖或以种蝎出售，以获得更好的经济效益。因此，在蝎子加工利用时，必须对蝎子进行合理选择。

1）对于配种能力差的雄蝎,以及蝎群过多的雄蝎,或生性残忍、好咬斗的雄蝎,都应该尽早淘汰加工利用,以确保种蝎群优良,提高繁殖率及仔蝎成活率。

2）对于饲养时间较长,已经老龄化的种蝎(即一般交配产仔超过3~4年的雌蝎),因其生理机能已经下降,往往表现为受精率差、空怀多、繁殖率低,以及产出的仔蝎体弱、生长速度慢、成活率不高,所以利用价值不大,应尽早淘汰加工利用。

3）近亲繁殖的雌蝎,不仅繁殖能力差、产仔少,而且经常产下死胎和畸形蝎子,没有再保留的价值,应该全部淘汰加工利用。

4）对于无治疗价值的病蝎、身体及附肢残缺的残蝎,以及瘦弱的成年蝎和青年蝎,应及时淘汰加工利用。

5）对于有吃仔习性、产后不背负仔蝎、成活率低下的壮年蝎,也应及早淘汰加工利用。

6）对于野生蝎,除了作为种蝎和幼蝎外,其余应该全部加工利用。

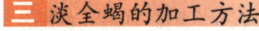

二 咸全蝎的加工方法

咸全蝎又称盐水蝎,即在加工时加入食盐制成的全蝎。

咸全蝎加工方法和步骤:首先将蝎子放入塑料盆或塑料桶内,加入冷水进行冲洗,洗掉蝎子身上的泥土、杂物和排出蝎子体内的粪尿,这样反复冲洗几次,洗净后捞出,放入事先准备好的盐水缸或锅内(盐水的配制,一般1kg活蝎加入300g盐、5 000mL水即成)。缸或锅盖上草席或竹帘,盐水以没过蝎子为宜,浸泡30min~2h后加热煮沸,水沸后维持20~30min,然后开盖检查,用手指捏其尾端,如能挺直竖立,背面有抽沟,腹部瘪缩,即可捞出,放置在草席上于通风处阴干或晾干,即成咸全蝎或盐水蝎。切忌在阳光下暴晒,因为日晒后蝎体会起盐霜而易返潮,影响商品质量。阴干后的咸全蝎在入药时再用清水漂走盐质,以减少食盐的含量及副作用。

三 淡全蝎的加工方法

淡全蝎又称淡水蝎、清水蝎,即在加工时不加入食盐而制成的全蝎。

淡全蝎的加工方法和步骤：先将蝎子放入冷水盆或桶内浸泡，洗掉蝎子身上的泥土、杂物和排出蝎子体内的粪尿。但时间不宜过长，不然蝎子会被淹死，一般在清水中浸泡 1h 左右为宜。洗干净后捞出放入沸水中，用旺火煮 30min 左右，锅内的水以浸没蝎子为宜，待水再沸起来就捞出，晾晒阴干或烘干即成淡全蝎。应注意的是，煮蝎子的时间不可过长，以免破坏蝎体的有效成分。

淡全蝎夏天不返卤，形态比较完整，但容易遭虫蛀或发霉，干蝎碰压易碎。

第四节 加工全蝎的质量等级和保存方法

一 加工药用全蝎的质量等级

加工药用全蝎的质量等级一般是依据蝎子的外形完整率来判断的。收购时，将药用全蝎分为四级：一级蝎，完整率为 95%；二级蝎，完整率为 85%；三级蝎，完整率为 75%；四级蝎，完整率为 65%。实际操作中，全蝎加工后的色泽，往往也成为判断质量的标准。

一般正品的全蝎为棕色或黄色，黑色即为次等品。因此，在加工全蝎时，应注意其外形完整率及颜色。

二 商品全蝎质量的鉴别

优质成品蝎蝎体阴干得当，干而不脆，个体大小均匀，颜色纯正，全身呈淡黄棕色，显油润，有光泽，气味略带腥气，味咸。蝎体完整，头尾足齐全，没有碎裂及残缺，无碎屑，头部与前腹部呈扁平椭圆形，后腹部呈尾状，皱缩弯曲。蝎体 13 节，头部有钳状脚须 1 对，腹部具步足 4 对，末端各有双钩爪，腹部最末 1 节有 1 尖锐毒钩。空腹，身上没有泥沙等杂质，没有盐霜，不返卤。大小分离，不混杂。

死蝎加工成的全蝎和品质低劣的全蝎，则往往表现为个体大小不均，干湿不适度，易碎裂、残缺，而且表面往往有盐晶体及杂物，最明显的是颜色不正，甚至呈青黑色，这类全蝎质量差、易变质、不耐储存。从时间上来看，以春季制备的全蝎质量最佳，因此时的蝎子体内杂质较少，性味俱全，故有"春蝎"之称。

咸全蝎和淡全蝎相比，各有其优缺点，咸全蝎在湿热的夏季会变得湿漉漉的，容易返卤起盐霜，容易缺肢断尾，但不易遭虫蛀、发霉等。而淡全蝎不返卤，形态较完整，但易遭虫蛀，干蝎碰压易碎难以妥善保存。从药效来看，有些人认为淡全蝎较咸全蝎好。

三 全蝎的保存方法

加工好的成品蝎初步分级后，应及时包装储存。宜放入布袋、纤维袋或草袋内，扎紧袋口置放于阴凉干燥通风处保存。为了防止反潮，应进行密封，最好的储存方法是先用防潮的纸包好，每500g一包，放入木箱中，木箱内壁可涂刷猪血，使之不漏气，箱内衬油纸，封好箱后存放于阴凉干燥处。如果不具备这样的储存条件，也可采用一种简单的方法，即将干蝎装入一加厚的塑料袋中，排尽空气，然后密封，置于阴凉干燥处储存。

在整个保存期应注意防止暴晒、虫蛀和发霉。为防虫蛀，蝎箱内可撒一些花椒。大宗商品可用磷化铝熏，质量好的全蝎，按上述方法进行密封储存，待以储存3年不会变质。有的地方在包装前用少许芝麻油（香油）均匀搅拌，使成品蝎体上能黏上薄薄一层油，也可以起到防潮的作用，保存期可以更长一些。一般10kg成品蝎子用250g芝麻油搅拌即可。如有条件，最好是冷藏。对于养殖户，最好将制成的商品蝎及时卖掉，以免长期保存不当造成损失。

在装运商品全蝎时，注意不要用塑料袋包装，这样做很容易把全蝎压碎，遭受不应有的损失。出口产品要求用专用木箱装，每件净重10kg。

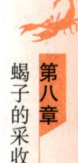

第九章
蝎毒提取与加工技术

第一节 蝎毒的提取技术

蝎子的药用价值很大程度上在于蝎毒,蝎毒用途较广,现代医药工业、化学工业以及其他领域都很需要,提取蝎毒更能提高养蝎的经济效益,是养蝎比较重要的技术环节。

一 常用的蝎子取毒方法

提取蝎毒的方法主要有两种,即剪尾取毒法和人工刺激取毒法。剪尾取毒法主要是根据蝎子的解剖构造(图9-1),直接断掉尾巴或将尾节的毒囊剪下取毒;而人工刺激取毒法是通过给蝎子一定的外

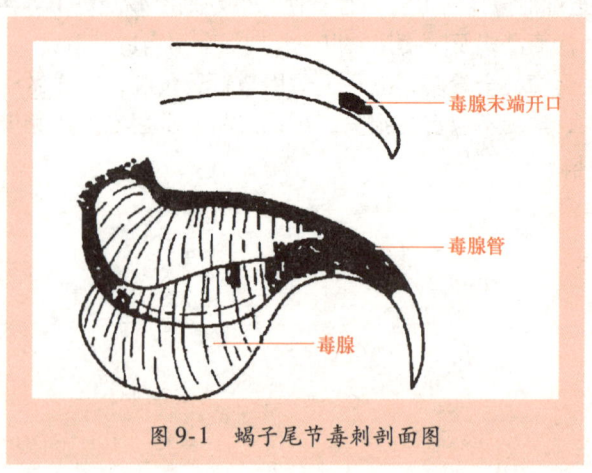

图9-1 蝎子尾节毒刺剖面图

界刺激，让蝎子排出毒液。人工刺激取毒法是一种被动排毒，一种可能是蝎子受到刺激惊吓，防卫性排毒；另一种可能是蝎子受到刺激直接引起大脑兴奋，引起毒腺排毒。基于以上原理，人工刺激取毒分为两种方法：一种是机械刺激取毒法；另一种是电刺激取毒法。

1. 剪尾取毒法

这是一种粗放式简便的取蝎毒方法。具体做法是：采集者切开并破碎蝎子的尾节，用蒸馏水或生理盐水（0.9%的氯化钠溶液）浸取有毒成分。或直接将蝎子尾节（毒囊）切下，用清水冲洗去尾及表面的灰尘，然后用蒸馏水或生理盐水浸泡，再将尾节研磨，用离心机离心（5 000r/min）5min，重复3次，将其上清液搜集在一起，真空冷冻干燥，就可得到淡黄色的粗毒干粉，分装标记后，放于-20℃条件下保存尤佳。

剪尾取毒法的特点是简便、快速、采毒量大，切开并破碎蝎子的尾节取毒法特别适合在山野捕捉山蝎后，及时取毒。缺点是被采毒的蝎子尾节或毒囊已剪，不可再继续产毒，只能利用1次，造成浪费。取毒后蝎体不完整，不能加工全蝎，严重影响其制品的药用价值及经济价值。

2. 机械刺激取毒法

为了克服剪尾取毒或解剖取毒法致全蝎体不完整等不足，可采用人工刺激的方法，诱使蝎子多次排出毒液。即用1个金属镊子紧紧夹住蝎子的1个触肢，夹的力量由小到大（以不夹破夹断触肢为宜），逐渐刺激蝎子排毒，在蝎子尾刺处用试管接收流出的毒液即可。

人工刺激取毒也是一种比较简单的取毒方法，这种取毒方法可以反复进行刺激，让蝎子不断产毒、排毒，同时也不会损害蝎体的完整性，使蝎子仍保留原来的药用价值和经济价值。这种方法采毒虽然排毒较多，但工效仍然很低，安全性也小，而且所排毒液多是含碱性蛋白质的透明毒液，一般排毒不够彻底，适合于小规模养蝎取毒。

3. 电刺激取毒法

电刺激取毒激法是用电子脉冲取毒仪器采集蝎毒的一种方法。

用电刺激取毒法较易获得毒液,且毒量多,工效高,一人既可操作,全年可多次采毒而不致损害蝎子,是我国目前较先进而科学的采毒方法,被许多养蝎场所采用。

(1) 器材用具 电子取毒仪器1台,木制采毒工作台(可用两屉办公桌代替)1张。工作台上面铺5mm厚的与工作台面积相仿的玻璃板一块,将取毒仪器放在玻璃板上。直径60mm的烧杯1个,电吹风1个,喷壶1个,乳胶手套1副,滑石粉少许,不锈钢针1根,20目的规格为高15cm、长60cm、宽50cm的筛子1个,筛子的内壁要贴上宽幅的透明胶布,使其光滑以防蝎子外逃。

(2) 采毒方法 将烧杯洗净消毒,沥干水,称重后放在工作台玻璃板上,烧杯内放1根经消毒的不锈钢针。钢针的长度应稍高出杯口为宜。将准备采毒的蝎子放在筛子中停留2h,让蝎子活动爬行、相互拭掉身上的泥沙和附着物后,再用电吹风吹掉蝎体上的灰尘,然后用喷壶向蝎体表面喷洒少量的生理盐水,以固定蝎子表面的灰尘,使之不飞扬,而且体表湿润也易于导电。

采毒时工作人员要穿戴洁净的白色工作服和工作帽,双手擦少许滑石粉后戴上乳胶手套。然后接通电子脉冲仪器的电源,插入连带接线的两支动物镊子插头,将脚踏开关放在地上靠近右脚的位置,两手分别拿起两支镊子,一支夹住蝎子后腹部第5节两侧,另一支镊子夹住蝎子的尾部第1节,使蝎子的腹面向下,毒刺朝向烧杯,移近于烧杯内,脚踏开关通电1~2s,蝎子便会自动排出毒液,一开始射出来的为透明毒液,旋即转为如白色黏稠状,立即抬脚断开电源即可。如毒刺尖端悬有毒液时,应立即在烧杯内的钢针上一拭,拭掉毒刺上悬挂的毒液。可再重复通电1~2次,然后将排除毒液的蝎子放入另一塑料盆中,待全部采毒完毕后,用洁净纸包扎紧烧杯口,把毒液放在冰箱的冷冻层中保存(-24~0℃)。毒液不能在常温下久置,冰箱也不能中途停电,最好是尽快置于真空干燥器内进行干燥处理。

(3) 注意事项

1) 不能在阳光直射下采毒,应在避风阴凉处或空调房中进行。

2) 用于盛放毒液的小烧杯要事先洗净、烘干,称重到小数点后两位数，贴上编号，注明日期，包好备用。在采毒过程中，要严格注意卫生，确保采毒的纯度和质量。

3）有个别蝎子在通第1次电时，不排毒须再通1次电，但通电时间一定要保持在1～2s，不得超过2s，以免烧坏仪器和损伤蝎子。

蝎子的排毒量随温度的变化而有差异。温度高时则排毒量相对较高；温度低时排毒量相对较低；当温度低于20℃时，蝎子的排毒量则相当低，有的几乎处于不排毒状态；当温度低于10℃时，蝎子则停止排毒。因此，常温养殖蝎子时，就必须在6月份气温高于25℃以上时开始采毒，9月份气温逐渐下降到25℃以下时，要停止采毒。

4）临产前的孕蝎和种蝎不能用于采毒。用于采毒的蝎子多为商品成蝎和老龄蝎。但最好是选用个体较大的不做种用的雄性成蝎采毒，因为雄性的、个体大的排毒量大，最多的一次可排毒4～5滴。

【小知识】>>>>

> 刚采集的新鲜毒液没有经过加工的称为湿毒，其中含有大量水分，在常温下保存极易变质，在低压的条件下，毒液中的水分能够快速蒸发，放在冰箱内也只能保存半个月左右；若经过干燥加工成干毒粉，因为提高了粗毒的稳定性，能较长时间地保存和应用。

二 蝎子的产毒量

蝎子的产毒量一般很小，通常每只蝎子产干毒量不超过1mg。产毒量最大的是钳蝎属的蝎子，每只蝎子可产2mg。我国的东亚钳蝎产毒量较少，大约3 000只成蝎能提取3g湿毒，加工成干粉为1g。

三 影响蝎子毒量的因素

蝎子的含毒量和排毒量与蝎子的种类、性别、龄期、体型、营养状况、季节、环境条件以及温湿度等多种因素有关。

1. 年龄和性别

一般在蝎子达到性成熟以后（6龄蝎）开始取毒，此时正是蝎子生长发育的成熟期，排毒量也大，取毒后不会影响蝎子的生长繁殖。同龄雄蝎的个体比雌性蝎小，其产毒量也比雌蝎少。在电脉冲

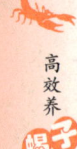

刺激下，1只雌蝎3次可产湿毒2.59mg，1只雄蝎3次可产湿毒2.01mg（按每隔7天采1次毒计算）。

2. 季节

温度的高低直接影响蝎子的生长和发育，蝎子取毒最适宜的时间和季节应是每年的4~10月份，此时气温较高，正是蝎子活动、觅食、生长和发育的最好季节，也是蝎子含毒量最多、品质最好的时节。进入11月份至次年的3月份，由于天气寒冷，温度较低，蝎子进入冬眠期，此时期不宜取毒。25~39℃是采毒的适宜温度，但以25~35℃为最佳。如果采用加温无休眠法养殖的蝎子，只要保持上述温度，蝎子一年四季均可产毒，随时可以取毒。

另外，虽然采毒对蝎子的生长、发育和繁殖都有一定的影响，但通过试验表明，影响并不大，蝎子排毒后，只要注意改善其饲养管理，加强营养，一般10日后方可再次取毒。

> 【提示】 雌蝎在怀孕期间不能进行采毒，否则容易造成流产，甚至死亡。

第二节 蝎毒的加工技术

采集的新鲜毒液除立即使用外，一般应尽快进行干燥加工，以提高粗毒的稳定性，也便于保存。为防止蝎毒内的酶类在干燥时加热失去活性，通常采用真空冷冻干燥法。而如果不需要保持毒液中酶的活性，仅保持毒液的活力，可采用真空干燥法。

一、真空干燥法

真空干燥法，即是使用真空干燥装置进行干燥蝎毒的一种方法。

（1）真空干燥法原理 将干燥器中的空气尽可能地抽出，造成负压，根据物理学中气体体积不变时压力越小温度越低的原理，干燥室的温度就会降低，而且在低压下毒液中的水分蒸发很快。因此，真空干燥的优点在于，既能使毒液迅速干燥，又能防止毒性成分的失活。

（2）加工方法步骤 将所取的新鲜蝎毒液进行2 500~4 000r/min高速离心30min，把土、钙质等杂质分离出去，得到纯蝎毒液，然后放在冰箱内冰冻。使用前先在干燥机的活塞周围和盖口涂上少许凡士林，然后检查整个装置是否漏气。将冰冻后的蝎毒液移入真空干燥器内，在干燥器的底层放上适量的氧化钙作为干燥剂，干燥剂上面覆盖四层新纱布，纱布上面放置装有蝎毒的烧杯，烧杯口也用数层纱布蒙住（防止沸腾使毒液溅出），盖上干燥机的盖子并稍作转动使其密闭，启动真空泵，趁其盖子不动时关闭活塞，然后关闭真空泵。

抽气过程中，要注意观察，如果发现蝎毒表面产生大量气泡时，就要停止片刻再抽，直至基本干燥，再静放24h，使蝎毒彻底干燥，变成大小不等的颗粒结晶体为止，这就是初加工的粗品蝎毒干粉。

蝎毒干燥后，应缓缓旋开活塞放进空气，以防冲散蝎毒干粉，然后打开干燥器的盖子，在净化条件下取出干粉，并立即分装入棕色玻璃瓶中，溶蜡密封，贴上标签，注明蝎毒粉的制备日期和重量，外面包上不透明的黑纸，置于-5℃的冰箱内保存，一般5年内不会变质。

二 真空冷冻干燥法

真空冷冻干燥法又称升华干燥法，即是将采取的新鲜蝎毒冷冻结冰，在真空的环境中很快升华，变为蒸汽除去的一种冻干方法。

加工方法步骤：先将新鲜蝎毒液放置冰箱内冻成冰块，放入烧杯，烧杯口用数层纱布蒙住以防在升华干燥时下层升华蒸汽冲出上层的干毒粉。使用前也要先在干燥机的活塞周围和盖口涂上少许凡士林，然后检查整个装置是否漏气。将装有冰冻好的蝎毒液冰块的烧杯放进干燥箱，盖好盖子打开调温仪，调节干燥箱内温度为-10℃，然后启动真空泵，经过5~10h待冰块升华完毕，就可得到冻干的蝎毒粉。

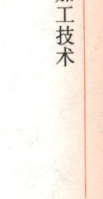

第十章
蝎子蜇伤与救护

蝎子的尾刺有毒，人们在养蝎过程中，尽管措施严密，但在日常管理、捕移、采收，甚至运输包装过程及途中和居住在养蝎场周围的人们仍有被蝎子蜇伤的可能，特别是在捕移及采收操作中，被蜇伤的情况相当普遍，因此，加强安全保护非常重要。

第一节 自我保护方法

饲养人员整天与蝎子打交道，存在着被蝎子蜇伤的危险，因而学会自我保护和被蝎子蜇伤后的处理方法显得十分必要。饲养管理人员自我保护包括两方面，即设施保护和行为保护。

无论采取哪种保护方法，首先饲养管理人员要树立自我保护意识，从思想上要引起重视。既不要麻痹大意，也不要过分恐惧，既要认识到蝎毒的剧烈，也要相信人能顺利解毒的事实。并要严格遵守蝎场的各项操作规程及卫生、安全制度。

一、设施保护方法

即在日常饲养管理和捕移、采收、加工操作过程中，要采取相应设施进行自我保护的方法，因此要做好以下几点。

1）要穿戴整齐，用衣物保护自己，一般应穿长袖上衣、长管裤、长筒袜以及不带网洞的鞋，并扎紧袖口、裤腿，穿戴好防护手套，手套与袖口处要连接好、扎紧。

2）配备各种必要的捉蝎、装蝎物品，如扫帚、刷子，用以清扫及收捕蝎子；镊子或竹夹子，用以代替手捕捉蝎子；盖上有孔的带盖的盛装容器或塑料桶、搪瓷盆等，用以转运、暂放蝎子等。

3）蝎房要有保护设施，上面用网罩罩上，墙壁上有防逃玻璃条等，门、窗都安上网罩，防止毒蝎逃跑、伤害人畜。即在建场、建池中，要采用多种保护措施，以防蝎子跑出来蜇伤周围的居民。

二 行为保护方法

行为保护是指饲养管理人员在饲养管理过程中，严格遵守蝎场的各项操作规程，尽量做到操作行为规范化，避免因自身的行为动作不当，导致被蝎子蜇伤而引起中毒。因此，要求饲养管理人员要做好以下几点。

1）在饲养管理过程中，饲养管理人员应尽量减少对蝎子的刺激，并做到不要轻易用手及身体其他部位触及蝎子的尾部。

2）在蝎池或蝎窝内捕捉蝎子时，要讲究方法。在捕捉蝎子时，必须思想集中，避免手同蝎子接触，蝎子在行动时，可先吹一口气，使它处于临敌状态，待其停止爬行时，然后迅速用竹夹或镊子适度夹取，迅速装入容器。如用手捉取时，食指和拇指要配合好，动作要敏捷，迅速捉住蝎子的尾刺部位，放下时先让蝎子的前足着地后再松手，这样操作就不会被蝎子蜇伤。倘由于疏忽，万一蝎子爬上手背，也不要惊慌失措，只要不碰痛它，它也不会蜇你。出现这种情况，可用竹夹夹住蝎尾，轻轻放入蝎窝或容器。

3）非饲养人员一律不得擅自进入蝎场养殖区，尤其是不能动手逗引蝎群，以防被蜇伤和惊动蝎群。

> ⚠️ 【注意】 每次操作完毕要将所戴手套进行消毒处理，以防手套带毒后被手及其他部位接触，尤其是被伤口接触，避免蝎毒通过伤口进入体内，使人中毒。

第二节 蜇伤后的临床表现和处理方法

一 蜇伤后的临床表现

蝎子在一般情况下并不随便蜇人，平时毒钩蜷曲在脊背上，如果未受到惊吓、碰撞和挤压,即使爬到人的身体上也不会蜇人。蝎子蜇人多发生在手、脚等部位,特别是人用手经常接触蝎群时,极易被蝎子蜇伤。蝎子蜇人主要是把毒液注入被蜇处,有些时候毒针会断在被蜇处的皮肤或者肌肉内。

毒蝎若螫刺昆虫,几分钟内即可致其死亡,作用于老鼠、家兔等小动物,也均可使之中毒致死。人被蝎子蜇伤后,一般表现为被蜇部位剧烈的疼痛难忍,1min 后局部出现有节奏性的冲击式疼痛,并迅速红肿,至肿块膨大发亮,轻者疼痛将持续 5~6h,一般第 1 次被蜇后疼痛要持续 12h 左右,以后随着被蜇次数的增加而缩短疼痛时间。一般被蜇后伤部逐渐麻木,很快出现水泡,有些人的被蜇部会出现流血。大多数情况下,只表现为局部症状,并不扩散至全身,但是,也有极少数病例出现急性全身中毒反应。除了局部症状以外,往往还表现为头晕、胀痛、全身不适,并出现发汗、尿少、嗜睡等症,严重的可出现寒战、发热、心律失常、恶心呕吐、肌肉强直、流涎、头痛、头晕、昏睡、盗汗、呼吸增快等,甚至抽搐及内脏出血、水肿等病变。儿童被蜇伤后,严重者可因呼吸、循环衰竭而死亡。

中国产的蝎子主要以东亚钳蝎为主,其毒力较弱,蜇伤后一般只出现局部灼痛,轻微红肿等症,一般约 1h 便会自然消失,不会红肿,也看不出明显被尾刺刺伤的针眼。但是,由于人的体质或体液的差异,被蝎子蜇伤的反应也不相同。有的人被蝎子蜇伤后只是局部红肿、疼痛,可以忍受;有些人被蝎子蜇伤后其蜇伤部迅速红肿、肿块膨大发亮,随后出现水泡,达到不能忍受的程度。也有少数人被蝎子蜇伤后,出现全身中毒反应,除了上述局部症状外,往往还表现为头晕、胀痛、全身不适,并出现发汗、尿少、嗜睡等症状;严重时还出现心律失常、肌肉刺痛、呼吸急促、低血压等。有的甚至胃肠活动出现紊乱,肺出现水肿,在痉挛、抽搐中,毒性发作而死亡。

二 蜇伤后的处理方法

被蝎子蜇伤后,不要麻痹大意,不管反应严重与否都应及时进行处理。首先要准确地找到被蜇伤的部位,若蜇在四肢,应立即在蜇伤伤口上部(近心端)3~4cm 处,用止血带或布带、绳子扎紧

(每隔 10~15min 放松 1~2min)，然后拔出活蝎蜇入的尾刺，挤出或吸出毒液，并用 3% 的氨水、0.02% 的高锰酸钾溶液、5%~10% 的小苏打溶液或冷的浓肥皂水、洗衣粉水等，清洗被蜇伤处，防止毒素继续扩散。根据蜇伤中毒程度，可采用以下方法治疗。

1) 用风油精或清凉油（万金油）涂抹蝎子蜇伤处，可使症状缓解或消失，减轻痛苦，不至于中毒。

2) 用 3% 的氨水、0.02% 的高锰酸钾溶液、5%~10% 的小苏打溶液或冷的浓肥皂水、洗衣粉水等，清洗被蜇伤处。

3) 将被蜇伤的手浸入冰水中或贴附在冰块上，用冰镇止疼。或者在伤口周围用冰敷或冷水敷，以减少毒素的吸收和扩散。

4) 采用食盐疗法，用食盐饱和溶液滴到伤处，尤其用饱和盐水 2~3 滴滴入眼中，刺激结膜，对蝎子蜇伤治疗有特效。

5) 若口腔黏膜无破损，也可用口吸出毒液。

6) 用手自伤口周围向伤口处用力挤压，使含有毒素的血液由伤口挤出。

7) 将鲜活的蜗牛捣成肉泥，涂于患部。

8) 在蝎子蜇伤处皮下注射 3% 的依米丁 1mL，或用 1:1 000 的麻黄碱溶液 0.5mL，可止疼并防止毒素扩散，消除症状。

9) 用 0.25% 的普鲁卡因溶液进行局部封闭，可以止疼，缓解症状。

10) 对出现全身症状者，可静脉注射 10% 的葡萄糖酸钙 10mL；肌内注射阿托品 1~2mL；静脉注射可的松 100mg（加入 20mL 5% 的葡萄糖溶液中），同时注射抗组胺药物，以防止低血压、肺水肿等。严重者应马上送医院急救处理。

11) 蝎毒浸出液治疗法。用蝎毒浸出液治疗蝎子蜇伤、蜂类蜇伤以及蚊叮、毒虫咬伤等有较好的效果。配制方法为：将东亚钳蝎 25g 放入 100mL（85%）乙醇中，密闭封存，浸泡 7~10 天就可使用。使用时，用浸出液涂抹蜇伤处，涂抹后当即疼痛减轻，约经 1h 后疼痛感消失。

12) 用中药治疗蝎毒的几种方法。

① 用蒲公英的白色乳汁外敷伤口，疼痛很快减轻。

② 将中药附子捣碎，加入醋调成汁涂敷伤口，很快可以止痛。

③ 用市售的万应锭、二味拔毒散等中成药涂敷在伤口处有很好的疗效。

④ 将大青叶、薄荷叶、马齿苋、鲜芋芳、半边莲等捣烂，外敷伤口，可起到解毒、消肿、止痛作用。

⑤ 经药物涂敷后，一般症状会大为缓解，对于被蝎子蜇伤较重的，为加快解毒和排毒，可配合内服些中药。汤剂一：金银药30g、土茯苓15g、半边莲9g、甘草10g、绿豆20g，水煎汁服汤，每日2次，有中和蝎毒或解除毒性的作用；汤剂二：五灵脂10g、蒲黄10g、雄黄3g，研成粉，用醋冲服，每日3次，有解毒、抗毒作用。

> 【提示】 虽然被蝎子蜇伤不会引起很大的危害，但有的人很敏感，一旦出现全身症状，如呼吸困难、血压降低、心律紊乱，应立即送往医院或者请医生诊治，不可掉以轻心。

附录 A 黄粉虫的饲养技术

黄粉虫，俗称面包虫，原是一种仓储害虫，属鞘翅目、拟步行虫科、粉虫甲属，经选育和驯养后成为人工的昆虫之一。黄粉虫的幼虫含粗蛋白51%，粗脂肪28.5%，营养价值高。每2～3kg饲料即可生产1kg幼虫，耐粗饲、易饲养、好管理，繁殖力强，生长发育快，可喂养蝎子、林蛙、鸟类等多种经济动物，是一种十分理想的鲜活动物饵料。

一 生物学习性

1. 生活周期

黄粉虫是完全变态昆虫，一生中要经历卵、幼虫、蛹、成虫4种变态（图A-1）。

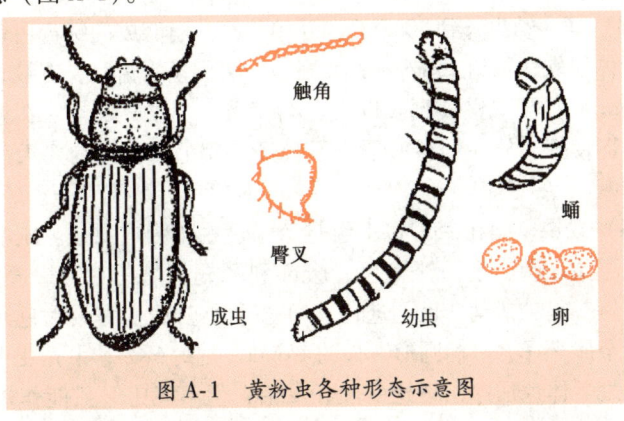

图A-1 黄粉虫各种形态示意图

（1）**卵** 乳白色，呈椭圆形，长约1～2mm，直径为0.5mm，卵外面有卵壳，比较薄，起保护作用，卵里面是卵黄为白色乳状黏液。黄粉虫的卵在适宜的温度（25～30℃）下，经5～7天即可孵化出幼虫。

（2）**幼虫** 刚孵出的幼虫很小，长约3mm，乳白色，2天后开始进食。如果温度在25～30℃，饲料含水量在13%～18%，大约8天蜕去第1次皮，变为2龄幼虫，体长增至5mm。以后大约在35天内又经过6次蜕皮，最后成为8龄老熟幼虫，这时幼虫呈黄色，体长增至25mm（图A-2）。幼虫在蜕皮过程中，每蜕皮1次体长增大1次，在适宜的温度25～28℃，空气湿度50%～90%时，8龄幼虫约10天即变成蛹。

图A-2 黄粉虫幼虫

（3）**蛹** 幼虫长到50天后，开始化蛹。刚变成的蛹为白色半透明状，体较软，长约16mm，头大尾小，两侧呈锯齿状，有棱角，两足（薄翅）向下紧贴胸部。以后逐渐变黄、变硬，蛹常浮在饲料的表面，即使把它放在饲料底下，不久又会爬上来，蛹约7天后变成成虫即蛾。

（4）**成虫** 蛹在25℃以上经过7天后蜕皮为成虫蛾。刚羽化出来的蛾子头、胸、足为淡棕色，腹部和鞘翅为乳白色，甲壳很薄，虫体稚嫩，很少活动，也不进食，10多个小时后变为黄褐色或黑褐色，有金属光泽，呈椭圆形，长约14mm，宽约6mm，甲壳变得又厚又硬，之后体色加深，鞘翅变硬、灵活，但不飞走，只能作短距离飞行，翅膀一方面保护身躯，另一方面还有助于爬行，到处觅食，成虫约5日后达到性成熟，群体自然性别比为1:1，此后即可进行交配产卵而进行第2代繁殖。

2. 生活习性

黄粉虫幼虫及成虫均喜黑暗，多潜伏于饲料表面下。杂食性，喜食各种粮食、油料和粮油加工的副产品，同时也吃食多种蔬菜和树叶，耐高密度饲养，适温范围为15～30℃，在25～28℃生长较快，低于10℃黄粉虫不食也不生长，超过35℃虫体发热会烧死，在高密度饲养时，群中温度往往会高于室温5℃以上，所以要注意监测虫群中的实际温度，防止过热。空气湿度60%～79%、饲料含水率15%左右群体生长良好。

3. 繁殖习性

黄粉虫具有变温动物的习性，在温室里（20～30℃）一年四季均可生长繁殖，可繁殖4代。自然温度一般1年1代，老熟幼虫能越冬，蛾子不能越冬。清明前后起蛰，5月底6月初化蛹，6月中旬羽化为蛾子，6月底7月初出现幼虫，8～9月份生长，10月中旬冬眠。

一般成虫羽化后4～5天开始交配产卵。交配活动不分白天黑夜，但夜里活动多于白天。1次交配需几小时，一生中可多次交配、多次产卵，每次产卵6～15粒，每只雌成虫一生可产卵30～350粒，多数为150～200粒。卵粘于容器底部或饲料上。成虫的寿命一般为3～4个月。

二 培育方式

黄粉虫的培育技术比较简单，根据生产需要可进行大面积的工厂化培育或小型的家庭培育。

1. 工厂化培育

这种生产方式可以大规模地提供黄粉虫作为饵料。工厂化养殖的方式是在室内进行的，饲养室的门窗要装上纱窗，防止敌害进入。房内安排若干排木架（或铁架），每只木（铁）架分3～4层，每层间隔50cm，每层放置1个饲养槽，槽的大小与木架相适应。饲养槽可用铁皮或木板做成，一般规格为长2m、宽1m、高20cm。若用木板做槽，其边框内壁要用蜡光纸裱贴，使其光滑，防止黄粉虫爬出。

2. 家庭培育

家庭培育黄粉虫,可用面盆、木箱、纸箱、瓦盆等容器放在阳台上或床底下养殖。

三 饲养方法

1. 对饲养设备的要求

要求容器内壁光滑,深 15cm 以上,以免虫子外爬。比较理想的饲养设备是用四方木盒饲养,可选用木板钉成长 100cm、宽 10cm、高 50cm 的四方形木盒,底部用胶合板钉紧,四周用宽胶纸贴紧,使盒子内部四壁光滑,防止虫子外爬。

另外,蛾子产卵时,可用长 80cm、宽 40cm、高 10cm 的木板箱,底部用铁丝网 51 目(筛麦用的)钉紧,蛾子放在里面,产卵时把尾部伸出铁丝网产到产卵箱,产卵箱里可铺上一层麸皮以免卵损坏,使用方法:把长 100mm、宽 50mm、高 10mm 的方木盒放在底下,上面放上长 80cm、宽 40cm、高 10cm 的铁筛子,里面放上产卵的蛾子,撒入麸皮、蔬菜叶、瓜果皮等,任其自由采食,在撒饲料时,饲料厚度不能超过 1cm,以免蛾子产卵时,尾部伸不出铁砂网。当蛾子产卵 7 天左右即换产卵箱,产卵箱要单独放,要注意不要使卵受到挤压,以免损坏。当卵孵出幼虫,这时不必添加饲料,原先产卵箱的麸皮够幼虫吃的,随着虫子的逐渐长大,根据实际情况,及时添加饲料和定期筛虫粪。

2. 对饲料的要求

黄粉虫吃的食料来源广泛,在人工饲养中,不必过多的研究饲料,但为了尽快生产黄粉虫,应投麦麸、玉米面、豆饼、胡萝卜、蔬菜叶、瓜果皮等,也有用喂鸡的配合饲料,以增加营养,但必须要有 60% 的麦麸为宜。一般黄粉虫的配合饲料配比为:麦麸 80%、玉米面 10%、花生饼粉 10%,各种食料搭配适当,对黄粉虫的生长发育有利,而且节省饲料。

3. 对温度的要求

黄粉虫较耐寒,越冬老熟幼虫可耐受 $-2℃$,而低龄幼虫在 0℃ 左右即大批死亡,2℃ 是它的生存界限,10℃ 是发育起点,8℃ 以上进行冬眠,25~30℃ 是适温范围,生长发育最快在 32℃,但长期处于高温容易得病，超过32℃会热死，以上温度是指虫体内部温度。4龄以上幼虫，当气温在26℃时，饲料含水量在15%～18%时，群体温度会高出周围环境10℃，也就是26℃气温加群体温度10℃相当于36℃，应及时采取降温，防止超过38℃，特别是在炎热的夏季更应注意。

4. 对湿度的要求

黄粉虫耐干旱，能在含水量低于10%的饲料中生存，在干燥的环境中，生长发育慢，虫体减轻，浪费大量饲料。理想的饲料含水量为15%，湿度为50%～80%。如饲料含水量超过18%，空气湿度超过85%，生长发育减慢，而且易生病，尤其蛾子最易生病。如养殖室内过于干燥，可洒清水，湿度过大要及时通风，黄粉虫虫体含水量为48%～50%。

5. 对光线的要求

黄粉虫原是仓库害虫，生性怕光，生性好动。而且昼夜都在活动，说明不需要阳光，雌性成虫在光线较暗的地方比强光下产卵多。

四 饲养中应注意的几个要点

饲养方法的好坏，直接影响黄粉虫的成活率和生长速度，在养殖过程中必须注意以下几点。

1）卵的孵化、幼虫、蛹、蛾子要分开，不能混养，混养的缺点是不便同时投喂饲料，而且幼虫和蛾子在觅食时，容易吃掉蛹和卵。

2）蛹虽然不吃不动，但应放在通风良好、干燥的地方，饲养室不能封闭和过湿，以免蛹腐烂。老熟幼虫变蛹时，要及时把蛹拣出，单独放在盒子里，以免被未转化的幼虫吃掉。拣蛹时，用力要小点，以免把蛹捏坏。

3）基本上同龄的幼虫要放在一起饲养，使虫子大小均匀、投食方便，如生长旺盛的幼虫需补充营养物，老熟幼虫则不需要。不同季节要有不同的管理方法，如炎热的高温天气，幼虫生长旺盛，虫体内需要足够的水分，必须用投喂蔬菜叶、瓜果皮等来补充水分，食料太干，生长发育会减慢；如温度过高，要及时通风降温；冬季里虫体含水量小，必须减少青饲料的投喂。

4）放养的密度要适宜。幼虫的密度过小，生长发育减慢；密度适当大些，生长发育加快，但不能超过2～3cm厚，幼虫超过30℃时

会热死，蛾子也不耐热，实践观察，气温在 30℃ 时，即有大批蛾子热死，需要注意。

五 黄粉虫的利用

黄粉虫除留种外，无论幼虫、蛹还是成虫，均可作为活饵料和干饲料饲喂蝎子。幼虫从孵出到化蛹约 3 个月左右，此期间虫的个体由几毫米长到 30mm，均可直接投喂蝎子。生产过剩的可以烘干保存。

附录 B 黑粉虫的饲养技术

黑粉虫，又称伪步行虫、大黑粉虫，属于鞘翅目拟步行科昆虫。全身颜色呈黑褐色，主要危害潮湿粮食、油料、谷粉、羽毛、干鱼、干肉等，并能食虫尸、鼠粪等。据有关专家化验分析，黑粉虫的氨基酸和微量元素的含量较为全面，特别是胱氨酸的含量是黄粉虫的 15.6 倍，这是其他食物所不能比的，而胱氨酸是蝎子蜕皮所不可缺少的营养物质。

一 生物学习性

1. 生活周期

黑粉虫为恒温动物，一生分卵、幼虫、蛹、成虫 4 种变态（图 B-1）。

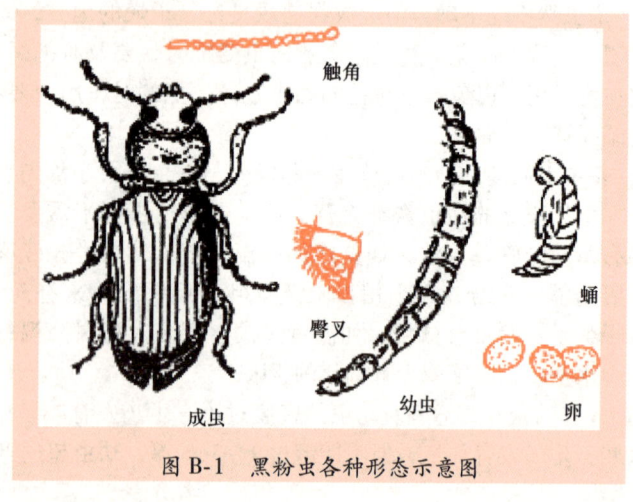

图 B-1 黑粉虫各种形态示意图

（1）卵 黑粉虫的卵很小，长约 0.1cm，其表面常沾一层虫粪或饲料碎屑，在适宜温度下 7~15 天孵化为幼虫。

（2）幼虫 幼虫的初期为土黄色，后期为黑褐色，圆筒状，成年幼虫体长约为 2.5~3.5cm，每千克约有 4 500 条。幼虫期较长，约需 180 天左右。

（3）蛹 蛹在适宜温度下 7 天羽化为成虫。幼虫的生存温度为 0~35℃，适宜温度为 25~30℃，高于 35℃时应降温。

（4）成虫 黑粉虫的成虫体形稍大于黄粉虫。羽化的成虫乳白色，头部为橘红色，以后变为暗黑色，鞘翅上无金属光泽（图 B-2）。触角末节长度小于宽度，第 3 节长度大于或等于第 1、2 两节之和，其他形态与黄粉虫相同。成虫期为 90 天左右。

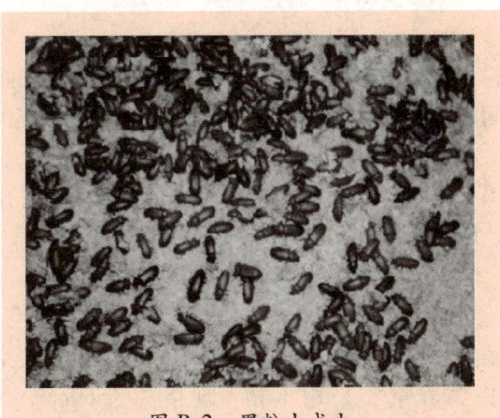

图 B-2　黑粉虫成虫

2. 生活习性

黑粉虫不耐干燥，喜欢生活在空气相对湿度为 60%~70% 的地方。野生黑粉虫的幼虫和成虫白天大多隐藏在室内外的垃圾或粪堆里，只有夜间才爬到表面觅食。黑粉虫的成虫虽然不善飞行，但爬行迅速，一旦遇有动静就会马上钻到物体的深处。收集黑粉虫的时间宜选在每年的 5~8 月份。

3. 繁殖习性

黑粉虫在每年的 4 月下旬至 9 月上旬，平均温度为 25℃时才能正常觅食繁殖，发育繁殖周期需要200天以上。幼虫大约需要90多天14次蜕皮才能化蛹，蛹经15天左右羽化成成虫。羽化后的成虫，4~5天开始交配产卵，成虫交配活动不分昼夜，一次交配需数小时，一生中可多次交配、多次产卵。每次1只雌虫可产卵6~15粒，每只雌虫一生可产卵30~350粒，在适宜温湿度条件下，卵再经过15天孵化成幼虫。成虫期为90天，幼虫期较长，约需180天左右。

4. 食物习惯

黑粉虫属于杂食性昆虫，食性非常复杂，喜欢吃食各种潮湿的粮食、油料、粮油加工的副产品以及各种枯枝落叶，但以豆科植物的叶、桑叶、梧桐叶为最爱，另外也取食各种死亡腐烂的虫体。

二 培育方式

1. 野生黑粉虫的采集

野生黑粉虫的幼虫和成虫白天大多隐藏在室内外的垃圾或粪堆里，只有夜间才爬到垃圾、粪便表面觅食。一般在每年的5~8月份进行采集，采集回来后进行繁殖。

另外，黑粉虫遗传性不够稳定，饲养两年以上就有退化现象，有部分变异。因此，选种时要挑拣一些颜色较黑的活泼健壮的个体作种虫。

2. 饲养设备

人工养殖黑粉虫多根据虫体的阶段，采取饲养箱式养殖。

（1）幼虫饲养箱 采用木箱，规格为长60cm、宽40cm、高13cm。放入3~5倍于虫重的混合饲料，将幼虫放入，再盖以各种菜、树叶，待饲料吃光后将虫粪筛出，再放入新的饲料。蛹用幼虫饲养箱撒以麦麸（2cm厚），盖上适量菜叶，将蛹放入待羽化。蛹期较短，温度在0~10℃时，15~20天可羽化为成虫；25~30℃时6~8天即可羽化成成虫。蛹要放在通风保温的环境中，不能过湿，以免蛹发生腐烂。

（2）成虫饲养箱 成虫产卵箱的规格与幼虫箱相同，只是箱底要镶以铁丝网，网的空洞大小以成虫不能钻入为宜。箱的内侧四边镶以白铁皮或玻璃，以防止成虫逃跑。在铁丝网下垫一张报纸或一块木板，再撒1cm厚的混合饲料，盖一层菜叶保湿，最后将孵化的成虫放入，准备产卵。每隔7天将产卵箱底下的板或纸连同麦麸一起抽出，放入幼虫箱内待孵化。

三 饲养管理方法

1. 对饲料的要求

黑粉虫对各种食物的利用率有所差异，在人工养殖时，主要以玉米和土面粉为主，且消化率较高，占70%以上；而对含粗纤维较多的麦麸、花生饼则消化率很低，占30%左右。饲料配方为：麦麸占70%、玉米面占15%、饼类占15%，然而黑粉虫的增长效率并不与消化率成正比，增长率高低的原因主要取决于食物中蛋白质的含量。为了使黑粉虫增长率提高且成本低廉，一般投喂混合饲料最为理想。另外黑粉虫因不耐干燥，还应在其栖息场所投喂10~20cm厚的青菜叶、桑叶、槐叶、梧桐叶或瓜果皮等，以补充水分。

2. 对温度的要求

黑粉虫在每年的4月下旬至9月上旬，平均温度25℃时才能正常觅食繁殖，发育繁殖周期需要200天以上。黑粉虫为恒温动物，虫体温度比外界高10℃，因此，黑粉虫的最佳饲养温度应控制在25~30℃之间，过高容易死亡，过低生长缓慢。

3. 对湿度的要求

在人工恒温养殖时，控制好湿度最为关键，湿度的高低直接影响黑粉虫的繁殖速度和数量。黑粉虫不耐干燥，对湿度的要求比较严格，喜欢生活在空气相对湿度为60%~75%的地方。

4. 成虫的饲养管理

羽化后的成虫，4~5天开始交配产卵。在体色变成黑褐色后，就要迁到产卵箱中饲养。产卵箱可套入孵化箱及生长箱。在产卵箱内撒一层饲料，厚约1cm，再放一层鲜菜叶，成虫则分散隐藏在叶片底下、钻到饲料与纱网之间的底部，伸出产卵器，穿过网丝孔，将卵产到网下的饲料中。人工饲养就是利用它向下产卵的习性，用网将它和卵隔开，杜绝成虫食卵，因此，网上的饲料不可太厚，否则成虫也会将卵产到网上的饲料中。投放的菜叶主要是提供水分和增加维生素，也有利于保持湿度。但要注意随吃随放，不可过量，以免湿度过大，菜叶腐烂变质。

当在孵化期的饲料基本吃完以后,要将虫粪筛出。筛后的虫子放回原箱饲养,再添加于虫重2~3倍的饲料,也可少加,天天加,每隔3~5天清除1次粪便。夏季高温时,注意通风降温;其他季节温度低时室内应增设加温设备。

附录C 洋虫的饲养技术

洋虫,别名九龙虫。属昆虫纲,鞘翅目,拟步甲科。研究表明,洋虫含有多种营养成分,特别是蛋白质、氨基酸含量丰富,是喂养蝎子的高蛋白活体饲料。

一 生物学习性

1. 形态特征

洋虫体型很小,体长仅0.6cm左右,呈长椭圆形。身体黑褐色,鞘翅有光泽,有小黑点。其上唇、触角、足及腹面为棕褐色,复眼大而突出,前胸、背板宽大,小盾片三角形、红棕色。前足、中足的跗节为5节,后足跗节为4节,足侧扁。跗节和胫节腹面着生黄色毛,有1对棕色小爪。洋虫的卵长圆形,浅乳白色,长约0.08cm。幼虫长圆筒形、黄色,各节前半段颜色较深,后半段稍浅,口器为黑褐色,腹末、腹面有1对伪足状突起。蛹淡褐色,复眼黑褐色,雄虫后面末节有1对乳状突起(图C-1)。

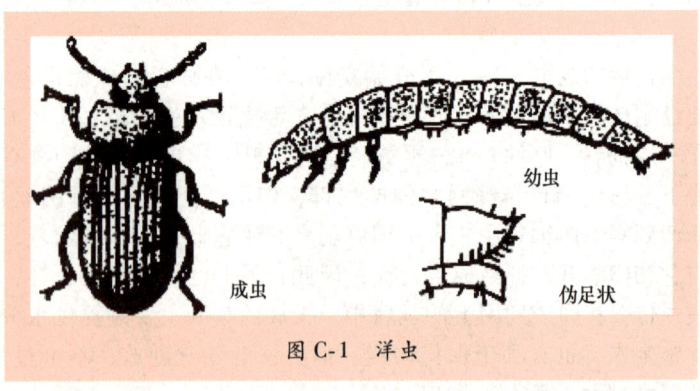

图C-1 洋虫

2. 生活习性

洋虫生活周期短，由卵孵化为幼虫，经蛹再羽化为成虫。成虫寿命约3个月，温度在25~30℃时仅需40天。洋虫既怕热又怕冷，生长发育期间高于40℃就会热死，幼虫在10℃以下，成虫在5℃以下均不能长期生存。洋虫喜食带甜味的食物。

3. 繁殖习性

洋虫的繁殖力较强，1年可繁殖数次，卵期短，为3~4天；幼虫期稍长，为25~30天；蛹期4~7天，完成1代需要40~45天，其寿命为100~130天；成虫羽化后10天即可交配，雌虫每次产卵150~180粒，卵期为4~5天。

二 饲养方法

1. 对温湿度的要求

洋虫畏寒，对温度的要求很严，其生长发育的最适宜的温度是22~34℃，幼虫、成虫在10℃以下即不能活动和取食，再降低则会逐渐死亡。炎夏时，若气温较高达40℃时也会热死。

洋虫对湿度的要求也较高，饲料中的含水量应有15%~18%，摄食的水分过少，它的生长发育就会缓慢；水分过多，又容易患上白僵病等，必须控制好湿度。

2. 对饲养设备的要求

洋虫养殖技术比较简单，一般用木箱饲养，箱高10cm、宽30cm、长50cm。箱底放置铁钉丝网，网孔2~3mm，箱内镶铁皮或玻璃，防虫逃跑。

3. 对饲料的要求

洋虫各阶段放在一起混养或分开饲养均可，但分开饲养更有利于管理和增加繁殖系数。如果分开饲养，成虫和幼虫最好选择不同饲料饲养。成虫饲料可用玉米、大米（最好爆成米花）、花生等块状或粒状饲料；幼虫尤其是低龄幼虫，宜吃碎屑状或粉状饲料，因此，可用谷类磨成粉，并加入5%酵母粉，这样可促进幼虫生长发育。幼虫饲料配方为：玉米面40%、麦粉40%、花生饼粉10%、麦麸10%；其他如复合维生素B 0.1%、维生素C 0.05%、土霉素0.03%、苯甲酸钠0.3%。此外，还可加花生米、熟地瓜片和饼

干等。

4. 饲喂方法

洋虫成虫投放数量要适当控制，不宜过多。饲养时先在箱底铺一张纸，让成虫产卵产在纸上。每日要投入1~2次饲料。洋虫卵期短，约为5天。所以每隔5~7天要筛卵1次。筛卵时首先要将箱中的饲料和碎屑筛掉，避免箱内留有卵虫或虫。然后将卵纸一起搬到孵化箱中进行孵化。孵化箱与成虫产卵箱规格相同，但箱底是木板。一个孵化箱可孵化2~3个产卵箱的卵，但需分层堆放，层间要用木条隔开，以透空气。在干燥季节，卵上要盖上一层菜叶，卵在孵化箱5天之内即可全部孵化出幼虫。然后将卵纸等全部抽出，这些幼虫就在孵化箱中继续饲养。幼虫生长发育早期（1~2龄）可不加饲料，但需要放菜叶，随着幼虫逐渐长大，逐步添加饲料。

洋虫的幼虫没有食蛹的习性，所以老熟幼虫开始化蛹时不必拣蛹。待蛹羽化成成虫后，上面可盖一张纸，让成虫爬到纸上，然后将纸片一起移到成虫产卵箱中饲养产卵。

附录D 蚯蚓的饲养技术

蚯蚓又名地龙，俗称曲蟮，属环节动物门、寡毛纲。目前人工养殖的主要品种有参环毛蚓、背暗唇蚓、赤子爱胜蚓等。无论是鲜蚯蚓还是干蚯蚓，均含有丰富的蛋白质、20多种氨基酸和多种微量元素、维生素，是蝎子最喜食的活体食物之一，也是目前为止养殖界公认的最富营养的高蛋白动物性饲料。

一 生物学习性

1. 形态特征

蚯蚓体圆而长，由许多相似的体节组成，节与节之间有一深沟，称节间沟，在体节上又有较浅而细的沟，称体环（图D-1）。蚯蚓身体无骨骼，外被薄而有色素的几丁质层，除前节外，其余体节均有刚毛。蚯蚓的形态为细长圆柱形，头尾稍尖，长短粗细随种类不同而变化很大。赤子爱胜蚓商品名北星2号、太平2号，其特征为体长35~130mm，体宽3~5mm，体节80~110个，身体圆柱形，体色一般为紫色、红色、暗红色或淡红褐色，背部色素较少，节间有黄褐色交替带。蚯蚓属于雌雄同体，但大多是异体受精。

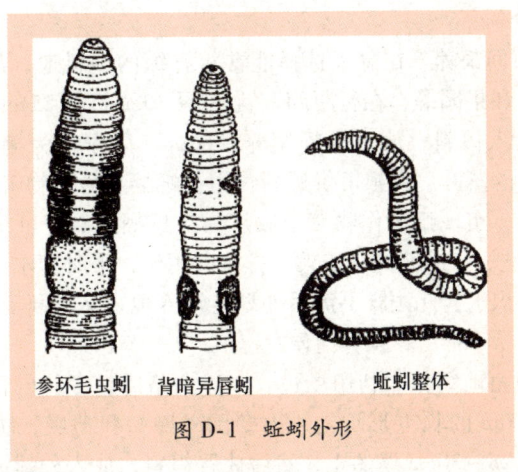

参环毛虫蚓　背暗异唇蚓　　　蚯蚓整体

图 D-1　蚯蚓外形

2. 生活习性

蚯蚓属腐食性动物，怕光（尤其怕蓝色光）、怕震动、怕高温严寒，喜欢栖息在温暖、潮湿、通气、富含大量有机质的表层土壤里，难以在一般耕地、红壤中见到。蚯蚓正常活动的温度为 5~35℃，生长适宜温度为 18~25℃，蚓床基料适宜含水量为 30%~50%（用手轻捏粪料指缝间有水滴流出，则其含水量为 40% 左右），适宜的 pH 值为 6~8。

3. 繁殖习性

蚯蚓属雌雄同体，但须异体交配才能繁殖，性成熟的蚯蚓（即出现生育环）在交配一周后各自产卵，但产卵频率与湿度、温度等有很大关系。当温度 18~25℃、湿度 30%~50%、通风条件好时，一般 3~5 天就产卵 1 粒；当温度高于 35℃或低于 13℃时，产卵数量明显减少。卵孵化适宜温度为 18~25℃，此时孵化时间短，约 20 天左右，孵化率高。每个卵内一般含幼蚓 2~4 条，少的 1 条，多的 5~6 条，刚孵出的幼蚓细白如线，经 40~50 天的饲养生长达到性成熟。蚯蚓繁殖的高峰期为 8 个月左右，1~1.5 年后开始衰老死亡。

二 培育方式

按养殖床所在环境，分为室外和室内饲养两大培育方式。

1. 室外饲养

（1）田间饲养 在春天选择能常年青绿的饲料地、菜地、玉米地、桑园地和果园等，在行距间开沟（深30cm，宽25cm），长度灵活掌握，投入饵料，放入种蚓饲养。这样，以作物为棚，可防雨、防晒；作物的落叶、腐根可供蚯蚓食用；蚯蚓又为作物疏松了土壤，提供了肥料，实现蚯蚓作物双丰收。为防蚯蚓逃跑，可将作物地分为2m宽的畦子，畦四周开挖渠、排水两用沟，平时蓄水，下雨时又能排放畦内积水。此法既不需另外划定饲养地，又有利于作物生长，效果显著，易于推广，操作简便。

（2）边角地饲养 利用场边、岸边、路边、房前屋后等边角地挖筑成深0.6m的长方形坑池，内壁围一圈塑料薄膜，防止蚯蚓逃逸。坑内填28～30cm厚的土，然后放置饵料，放入种蚓饲养。夏季上面搭棚或加盖，也可种上向日葵或丝瓜成棚，要适时喷水降温、保湿和补充饵料。

（3）塑料棚（或土温床）**饲养** 用金属棚架和塑料薄膜搭成大型窝棚养殖蚯蚓。棚内建造通风和保温设备，可常年饲养。棚内地面还能种植聚合草、红薯、蚕豆等植物。这种方法适于大规模饲养和工厂化养殖。

（4）粪土饲养 把肥土和粪草按1:1的比例均匀地混合起来，堆放在水泥或三合土地面上（土堆长3～10m、宽1～1.5m、高0.5m），经发酵、翻粪降温后，放入种蚓（每立方米放500～2 000条）。上面搭覆盖物避光或在树荫、葡萄架、瓜篓架下设堆。此方法可作为成蚓的临时仓库。

（5）栏池饲养 用红砖砌成长50cm、宽50cm、高15cm的池，填土加饵料。池周围插上一圈篱笆成锥形，池内外壁不抹水泥或石灰，以保持通气。池底可用水泥地板，也可用泥地面，但要夯实铲平。每个池的四角底部留一个小口，以渗出过多的水分，洞口要用塑料网或铁丝网盖住，以防蚯蚓外逃或其他有害的动物入内危害蚯蚓。如果投入的蚯蚓量不大时，可把池分隔成若干个小池，这样不但便于饲养管理，而且还可以提高单位面积的产量。

室内建池饲养可以选择旧猪房、鸡舍，其室内必须保持阴暗和潮湿，光线不宜过强，但要通风良好以免影响蚯蚓的生长繁殖。

2. 室内饲养

（1）缸、盆饲养 先清洗容器，然后浸湿草料（占容器深1/5），再投放蚯蚓，加盖果皮、菜叶等（占容器深1/5），覆盖草料（占容器深2/5），封盖肥土。一般深60cm、直径40cm的容器，放蚓80~100条，适于家庭少量饲养。

（2）槽式饲养 在室内地面中间留走道，两侧用水泥筑成弯月形地面，并挖排水沟以便积水自流，在水泥地面上建立养殖槽。一般槽长6m、宽1.5m、高0.4m，槽内放入饵料，进行平养。

（3）箱筐饲养 这是最常用的饲养方法之一。箱筐的制作材料可以是木材，也可以是竹、荆条、藤条、塑料等，饲养箱长、宽、高的规格有下列几种：60cm×30cm×20cm；60cm×40cm×20cm；60cm×50cm×20cm；60cm×50cm×25cm。每个箱筐的底部和侧面要有排水和通气小孔，孔的大小以直径0.7~1.2cm为宜，这样既可通气排水，蚯蚓又不会爬走。整个箱的小孔面积可占箱底或箱侧面积的20%~30%。两侧还要有对称的拉手把柄，便于手提操作。箱内饲料的堆放高度约为16cm，装料太多，易使箱内通气不良；装料太少，饲料易干燥，影响蚯蚓的生长繁殖。每箱蚯蚓的投入量约5 000~10 000条（图D-2）。

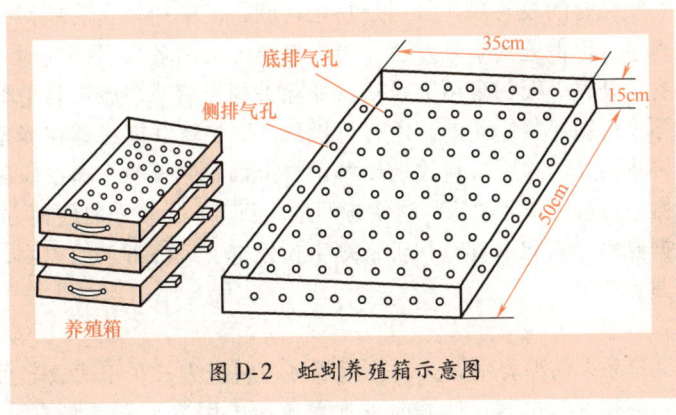

图D-2　蚯蚓养殖箱示意图

（4）多层饲养 饲养规模较大时，在饲养室靠近墙两侧安置铁架或木架、水泥架等养殖床，两侧床架之间留走道，一般床架宽1m、高2.5m。可将箱层叠起放置在床架上。每层高0.5m，饲养箱高0.3m，成为立体箱式饲养，但不能叠得太高，一般以4~5层为宜。立体养殖时，为通气良好，箱堆间宜留5cm的缝隙。

这种饲养方法占地面积小，使用人力少，管理也方便，生产效率也较高。但是，木制、竹制的箱筐容易受潮腐烂，故有条件的地方最好用塑料来制作，这样不但耐用而且规格一致，还利于提高饲养效果。

三 饲养方法

1. 饵料的加工

蚯蚓饵料资源丰富，凡无毒的天然有机质经发酵腐熟后，均可作为饵料，如造纸厂、酿酒厂、糖果食品厂、木材厂和肉类加工厂的废渣、污泥、木屑，各种畜禽粪便，废弃的瓜、菜、果皮，居民点的生活垃圾等。最理想的饵料是牛粪加土，其次是稻草加工。投放饵料之前，必须先将这些基料堆制发酵，每隔7天翻一次堆，连续翻2~3次，使土堆里的有机质充分腐化分解，最后摊开排气。腐熟的饵料为棕色或褐色，无酸臭味，手感质地软，不粘手。

2. 饵料的投法

可采用料土分层投放的方法，如下层放土、上层放料，也可采用点、线结合的投放法。原则是料土相间，使蚯蚓采食后能回到肥土中栖息，以促进其生长发育。当旧饵料上层出现大量蚓粪时，就应补料。补料一般都采用上投法，即除去蚓粪后，在原饵料上覆盖同样厚度的新饵料。此外，还有下投法，即将新鲜饵料铺在养殖床上，再将清粪后的原饵料放在新鲜饵料上面。侧投法，即在原养殖床两侧平行放置新养殖床，诱使蚯蚓进入新床。无论采取何种方法，应根据养殖方式和本着有利于蚯蚓生长发育、经济省工的原则，灵活掌握。

3. 试养

无论采取何种养殖方式，选用哪种饵料配方，在正式放养种蚓之前，都须进行试养。试养时可在养殖床内用适量配制好的饵料，放入少量种蚓。注意观察蚓体变化情况及蚯蚓有无外逃行为，并检验蚯蚓对该种饵料的适应性，经试养成功就正式放种养殖。否则，根据出现的问题，采取相应的改进措施再进行试养，直到成功为止。

4. 适时分群扩繁

密度过大时，不仅繁殖与生长速度下降，还会引起蚯蚓的外逃和死亡。因此，适时进行大小蚯蚓的分群饲养和扩繁是十分必要的。为了确保蚯蚓的丰收，最好将其分为种子群、繁殖群和生产群进行饲养。分群扩繁一般与补料、除粪结合进行。扩繁面积小时，可把一部分成蚓捉到新床内；扩繁面积大时，可把旧床饵料和蚯蚓一起分几部分放到新床池内；也可用诱蚓法把蚯蚓引渡到新床内；还可将采集成蚓后所剩余有大量蚓卵的旧料放入新床孵化扩繁。

5. 越冬管理

蚯蚓越冬的关键是保温，料温保持在9~20℃，蚯蚓可进行冬季繁殖。室内保温可用电、煤、沼气、堆积畜粪发酵热等发酵增温。冬养饵料要增加粪料比例和饵料厚度。提高床温，有利于蚯蚓越冬。

6. 繁殖留种

首先要选择良种蚯蚓来繁殖，在其种子群中进行留种。由于人工长期养殖某种蚯蚓，会产生退化现象，因此，要加强选种选配。应选择个体粗长、有光泽、食量大、活动力强且灵敏的蚯蚓，单独饲养繁殖。在有条件的地方可用杂交的方式来培育具有杂种优势的后代，并通过人工选择不断提高质量、促进生产。

四 蚯蚓的收取及利用

1. 蚯蚓的收取

当饲养床内的蚯蚓密度很大，且大部分到了性成熟阶段，体重已达到高峰期，这是采收的最佳时期，应及时进行收取。

（1）**早取法** 根据蚯蚓夜行的特性，可在每晚9点至次日天明捕捉，尤以早晨3~4点收取效果最好。

（2）**光取法** 用强光（太阳光或人工光源）照射饵料床面并在表面顺便敲击几下，不用多久，蚯蚓就会钻入饵料底部聚集成团，然后逐渐分层除去粪料收取。

（3）**诱取法** 用开着许多细孔（直径1~4mm）的容器，里面

装上蚯蚓爱吃的饵料（果、菜下脚料），将容器埋入养殖床饵料中，蚯蚓便被诱入容器内，几天后取器收取。

（4）网筛分离收取法 用一只空木箱，上孔径不等的两层筛网（上粗下细），把含有蚯蚓的饵料放在筛网上，然后用强光和热处理，驱使蚯蚓下钻，可使大小蚯蚓和饵料分离，以便收取和分级饲养。

（5）逼驱法 设置逼驱床，将含蚯蚓的饵料堆放在床中间呈条状，停止给其洒水；两侧堆放少量湿度适宜的新饵料，迫使蚯蚓向新饵料中集中，进行收取。此外，还可用水取法、药用法等。

（6）翻新采收法 对箱养的蚯蚓，可将其放于强光下片刻。蚯蚓因怕光而钻入底层，然后将腐殖土翻转扣出，使蚯蚓暴露于外便可采收。

2. 蚯蚓的应用及应注意的问题

1）用蚯蚓喂蝎子时，以生喂效果最好。

2）用蚯蚓喂蝎子时要当天收集洗净后当天喂完。否则，蚓体蛋白质会腐烂变质。

3）注意饲喂方法，喂量由最初的最小量开始逐渐增加至常量，喂量不可过大，否则，会引起蝎子中毒。给蝎子饲喂蚯蚓时，不可时断时续，要持续坚持，否则效果不好。

附录E 地鳖虫的饲养技术

地鳖虫俗称土鳖虫，药名土元，隶属于节肢动物门、昆虫纲、蜚蠊目、鳖蠊科、地鳖属，为一种体软外形似鳖的爬行昆虫。我国大部分地区均有分布，现在已进行人工养殖。地鳖虫除了具有药用价值外，也是养蝎的很好饲料，多将地鳖虫粉碎成分拌入蝎子饲料中饲喂。

一 生物学习性

1. 生活周期

地鳖虫因不同种类各有其特征。这里主要介绍中华地鳖虫的形态特征。中华地鳖虫是一种不完全变态昆虫，一生只经历卵、若虫和成虫3个发育阶段。

(1) 成虫 地鳖虫雌雄异形，雄虫有翅，雌虫无翅，体呈扁平圆形，体长3~3.5cm，体宽1.7~2.0cm。虫体边缘较薄，背部稍有隆起，体黑色有光泽，腹面为棕褐色有光泽。头部紧缩于前胸，口器咀嚼式，大颚坚硬，触角纤细呈丝状易脱落。复眼发达，肾形，位于触角外侧，两复眼之间的上方有2个单眼。胸部由3节组成，前胸背板呈三角形，中后胸的背板较窄。腹部有横纹环9节，其中第8、9节缩于第7环节之内，9环节呈覆瓦状排列。肛上板扁平近似长方形，中央有一小切口，胸部3对足较发达，基节粗壮位于胸部腹面，具有细毛，多刺，跗节5节，末端有爪1对。腹部末端有尾须1对。雄虫体色淡黑褐色，长2.5~3.0cm，宽1.0~1.5cm，虫体一般小于雌虫。前胸呈波纹状，腹部长有2对翅膀，前翅革质，后翅膜质，平时折叠藏于前翅下，腹末端有尾须1对，其下方有腹刺2个较短。

(2) 若虫 初孵若虫乳白色，体形似盾形。随着生长发育的阶段变化，体色变为黑褐色带有光泽，体形变成椭圆形。

(3) 卵鞘 卵鞘饱满，呈深红色，形状似豆荚，其边缘呈锯齿形缺刻，卵鞘长1.2~1.5cm，宽0.3~0.7cm。每块卵鞘内有排列双行的卵粒，少则2粒，多则20~30粒（图E-1）。

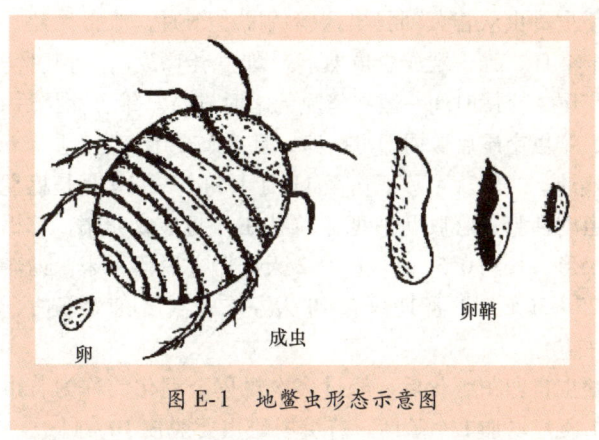

图E-1 地鳖虫形态示意图

2. 生活习性

在自然环境条件下，地鳖虫喜欢栖息于粮食仓库、粮食加工厂、鸡舍、牛棚、灶间、柴草堆、磨坊等阴暗潮湿、有机质丰富、偏碱性的疏松土层中。白天潜入松土中，夜间出来活动、觅食、交尾，具有明显的背光性。每天觅食时间在晚上7~12点之间，其中以8~11点活动达到高峰期，之后活动就很少，大多回原地栖息。地鳖虫夜晚出来活动一般不单独行动，喜群居。

地鳖虫具有耐寒、耐热、耐饥和抗病性强等特点，无自卫能力，善以假死来逃避敌害的攻击。雄虫长翅后能短距离飞行。地鳖虫生命活动的最适宜温度为15~30℃，当温度低于10℃时，便潜伏土中冬眠，低于0℃时，往往处于僵硬状态死亡。当温度高于35℃后，摄食减少，感到不安四处走动，生长缓慢；当温度升到37℃之后，体内水分蒸发加大，造成脱水干萎而死亡。人工饲养时的饲养土（池土）含水量保持在25%~30%，空间湿度保持在70%~80%为宜。

地鳖虫是杂食性昆虫，食物多样，常见的有各种蔬菜的叶片、根、茎及花朵，豆类、瓜类等的嫩芽、果实，杂草中的嫩叶和种子，米、面、麸皮、谷糠等干鲜品，家畜、家禽碎骨肉的残渣，昆虫等。食物不足时会相互蚕食。

3. 繁殖习性

地鳖虫雄虫从若虫到长出翅膀约需8个月，雌虫无翅，成熟约需9~11个月。雌、雄成虫成熟后，雌虫会释放出一种引诱物质诱引雄虫交尾。交尾时间一般在傍晚天暗时进行。雄虫交尾后5~7天就死亡，雌虫交尾后1周即可产卵，且1次交尾终生产卵。6~10月为交尾盛期。产卵从4月下旬至11月下旬，7~10月是盛期。产卵时，阴道副性腺分泌胶状液把卵粒黏在一起形成卵鞘，棕褐色，肾形或荚果形，长约0.5cm，过1~2天卵鞘才脱落下来。饲养室温度保持25~30℃时，卵期只有40天左右；温度在25℃时，卵期在60天左右。

地鳖虫自卵鞘孵化后，经过多次蜕皮至羽化前称为若虫期。若虫每蜕1次皮增加1个龄期。若虫期雌虫要蜕皮10~11次，雄虫蜕皮约8次，平均20~40天蜕皮1次，蜕去最后1次皮时即变为成虫。从成虫至衰老死亡的这段时间称为成虫期。雌虫寿命2~3年，雄虫一般7~30天或略长一点。

二 培育方式

人工饲养的方式有缸养、池养、棚养、立体式饲养等几种。

1. 缸养

缸养适合初养者、小规模饲养用，也可用于卵鞘孵化和种虫饲养。一般可选取瓦缸或水缸等，缸的内壁越光滑越好，以防地鳖虫爬出。缸口径75cm左右，缸深50~75cm，将缸放入室内，埋入地下一半，可保温。缸底铺上10cm厚含30%水分的温砂土（砂泥比例为2:1），然后在砂上铺上20cm左右厚的饲养土（湿度为20%左右）。为了缸内保温保湿，缸口要加盖，并要留有能通气的孔洞。在周围地面上撒些石灰或其他消毒粉，以防鼠、蚂蚁等敌害侵入。

2. 池养

在室内用砖筑成大小不等的长方形方格池来孵化卵鞘、饲养若虫和成虫，适合于较大规模生产饲养。建造饲养池的房子可选择地势较高、阴暗潮湿、通风的旧房，如旧猪舍、牛舍等。在平整的水泥地面用砖砌成单行或双行的长方池，双行的中间间隔0.5m，池长为2m、宽为1m、高为50~60cm。池内可用薄水泥板或玻璃板再分成若干个小格子，按成虫和若虫的不同龄期分格饲养。饲养池的池壁内壁要用水泥或石灰抹平，使其光滑，防止地鳖虫外逃，池上面加盖留下通风孔即可。饲养前在池底铺上5cm左右厚的砂泥土，然后在上面再铺上20~25cm厚的湿度为20%的饲养土，即可放养各种规格若虫和成虫。

3. 棚式饲养

选择地势较高的地面挖个坑，坑宽60~80cm，深25~30cm，长视需要而定。坑四周用砖砌成矮棚，前墙高10~15cm，后墙80cm左右，墙的四周有蚁沟，墙的北面设有挡风墙或挡风帘，高1m左右。棚的顶部装有可以活动的玻璃或塑料薄膜天窗，棚的两侧设有通风口。棚内分成若干个坑供饲养成虫和若虫，也可孵化卵鞘用。冬季夜晚，天窗上应遮厚草帘或棉帘，以保温；夏季的白天，需用竹帘或草帘遮盖，并把天窗打开一些，以流通空气，达到降温的目的。

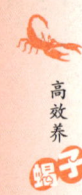

4. 立体式饲养

这种饲养适合大规模流水线饲养。特别对房舍不足的单位，可解决多饲养、少投资困难。在房舍内靠墙壁处修多层饲养台，其长度可根据房舍内所利用的后墙壁长度灵活掌握，高度以 2m 左右为宜，层板最好用水泥板，宽度为 50～100cm，池壁用砖砌，并用水泥粉刷光滑。每层高度 30cm，可砌成 6～8 层，每层再分若干小格，每小格前面装有能开、关和通风的活动门。内底板铺上饲养土即可饲养。

三 饲养用具及饲养土质

1. 饲养用具

(1) 料盘 用纤维板、塑料板、镀锌铁皮制作或用厚塑料布代替，规格分为大（30cm×18cm）、中（20cm×12cm）、小（15cm×8cm）3 种，分别饲养老龄若虫与成虫、中龄若虫和 3～4 龄幼龄若虫用。料盘四周设置 0.5～1cm 高的围沿，防止饲料滑出，围沿设置一定坡度，方便地鳖虫出入。一般每平方米饲养面积需上述料盘 4～8 个。

(2) 虫筛 为便于地鳖虫分龄分池饲养、采收、选筛窝泥、卵鞘的需要，需常备几种规格的筛子。2 目筛：收集成虫；四目筛：收集老龄若虫；3 目筛：筛取卵鞘，筛下窝泥、幼虫、虫粪；12 目筛：筛取 1～2 龄若虫；17 目筛：筛取刚孵化的幼虫，筛下粉螨、细泥等。要求网口均匀、光滑，筛动时阻力小，特别对低龄若虫要细致操作，避免造成地鳖虫伤亡。

2. 饲养土质

地鳖虫喜在土中活动，饲养土必不可少，而且土质也非常重要。饲养土要求疏松透气，腐殖质丰富，颗粒适中，含水量适宜（15%～25%）。可采用冬季冻酥的菜园土、垃圾土、沟泥、灶脚土、树下多年落叶腐泥或沙黏混合土，同时可掺入（20%～30%）经发酵过的鸡粪、猪粪、马粪、牛粪、柴灶灰或砻糠灰等。配制好的饲养土，在入坑内之前，要经过阳光暴晒或开水消毒，大量使用可用溴乙烷熏蒸消毒、灭菌、逐虫，并过筛，去除杂质、石块、瓦砾等，喷水拌湿即可使用。饲养土含水量分别为：1～4 龄 18%～20%，5

龄以上16%~18%,卵鞘保存和孵化宜在18%左右。窝泥忌用刚施过氮肥和农药的土壤,以免引起中毒或影响地鳖虫的生长、发育和繁殖。有人建议使用蚯蚓粪最好,其污染少,营养成分高,物理性状和通气性能良好,有利于地鳖虫的生长、发育和繁殖。窝泥的厚度也随虫龄和季节的不同而异。一般幼龄若虫池6cm左右,中龄若虫池6~12cm,老龄若虫池12~15cm,成虫池15~18cm较为适宜。夏天可薄些,冬天可厚些,并可加盖稻草或砻糠灰,以利保温越冬。

四 饲养方法

1. 饲料

地鳖虫的饲料种类广泛,可分为三类:一是精料,主要有麦麸、米糠、菜子饼粉、棉仁饼粉、豆腐渣等,可生喂,炒香更佳;二是青料,主要包括各种瓜果、蔬菜、树叶等,如甘薯、芋艿、茭白、梨、桃、柿、甘薯藤等,块根和球茎以切丝为好。要求新鲜清洁,并注意营养价值和适口性;三是动物性饲料,如鱼粉、肉骨粉及其他动物性蛋白质饲料、下脚料等。饲喂时,要进行科学的搭配,既要注重营养丰富、营养全面和适口性好,又要注意饲料成本低、饲料来源广和本地容易解决的饲料。一般应以糠、麸、蔬菜、瓜果类为主,适当搭配动物性饲料及矿物质。为防止疾病的发生,可在饲料中加入1%~5%的抗菌中草药粉或少量土霉素粉等。

2. 分级饲喂

地鳖虫非常耐饥饿。在湿润的坑泥中,1个月不给食也不致饿死。平时,也不是每天要吃食,而是隔几天才觅食1次,分批出来觅食。所以,饲喂时要按照不同虫龄、不同季节与不同的发育阶段,灵活掌握喂食方法。最好是分级饲养,即把虫龄相近、体重大小差别不大的地鳖虫放养在一起,这样不但可以满足不同虫龄的地鳖虫的营养需要,防止或减少大小虫龄的地鳖虫的互相残杀,而且便于虫体的管理和采收。

一般将地鳖虫分为四个级别进行饲养管理,即幼龄若虫、中龄若虫、老龄若虫和成虫。但是区别虫龄比较困难,一般可以根据虫体大小和形状来分级,如芝麻型,孵后1~2个月;黄豆型,发育3~4个月;蚕豆型,发育5~6个月;拇指型,即成虫。

(1) 幼龄若虫的饲养 指 1~3 龄若虫，此时的虫体大小形似芝麻。刚孵出时色白，蜕了 2 次皮后呈浅黄褐色，幼龄若虫期约 2 个月左右。幼龄若虫体小，活动、觅食、消化能力弱，多在饲养土表层觅食，宜以精饲料为主。喂时将饲料撒在表层干土上，边缘多撒些，撒后用手指伸入土中约 2cm 耙土，将饲料掺入土表层。饲养土要求细、肥、疏松，同时注意避光遮阴和保温保湿。

(2) 中龄若虫的饲养 指 4~7 龄若虫，生长 3 个月左右。经 2 次蜕皮后变成形似绿豆大小的若虫，经过 3 个月左右则变成形似黄豆大小。中龄若虫明显长大，活动能力逐渐增强，食量和抗逆能力逐渐增加，栖息在表层的 3cm 左右的地方，下深至 6cm 左右，由土表层开始出土觅食。此期饲料种类宜丰富多样，蛋白质含量不少于 15%~17%，并适当多增加一些青饲料。将饲料放在饲料板或浅盘上，喂后饲料板或盘应及时清洗、晒干，保持清洁。中龄以上若虫都是出土觅食，可在饲养土表层覆盖一层 3cm 厚的稻壳或锯末，这样虫体出土后身上无泥，能避免饲料污染浪费。

(3) 老龄若虫的饲养 指 8~11 龄的若虫，从黄豆大小的中龄若虫经过 3~5 个月的饲养可长到蚕豆大小。其饲养方法基本同中龄若虫，但由于老龄若虫将变为成虫开始生殖，因此，需适当增加饲料中精料和动物性饲料的比例，蛋白质含量不低于 17%~18%。由于虫量大，排泄物多，高温高湿季节容易发霉而产生病害，应在每次蜕皮后刮除表层虫粪污物，更换新土。

当老龄若虫进入 9 龄时，雄虫渐趋成熟，继续饲养将会长出翅膀，失去药用功能而且浪费饲料，于是这时就要去雄留种。人工饲养时一般有 15% 的活泼健壮的雄虫就能满足交配的需要，多余的雄虫可进行挑选加工处理。雌雄若虫的主要区别在于胸部第二、三背板的形状及外沿后角的倾斜度。雌若虫第二、三背板的斜角小，而雄若虫的斜角大。另外，在爬行姿势上，雄若虫爬行时虫体稍抬起，而雌若虫则伏地爬行。

(4) 成虫的饲养 老龄若虫完成最后一次蜕皮后，雌雄虫就变成了具有繁殖能力的成虫。这时，除留种产卵外的雌虫，一般在产卵盛期过后，均应淘汰采收作为药用。

成虫由于繁殖的需要，所消耗的各种营养物质较多，因此，饲料要以精饲料为主，青饲料为辅，蛋白质含量保持在20%～25%，并适当增加骨粉、鱼肝油的比例。因为卵鞘发育需要较多的水分，除饲养土较湿外，还应补给多汁饲料和放置水盘，防止种虫因缺水造成食卵。为提高养虫效果，饲料饮水中可添加多种维生素、微量元素及抗菌助消化药物。

3. 饲喂次数及喂量

低温季节每2天喂1次，高温季节宜每天喂1～2次。喂食后要注意观察食料余缺，掌握精料吃完、青料有余的原则。一般晨喂青饲料，晚喂精饲料。饲喂量每次1万只幼龄若虫喂料500g；中龄若虫精料4 000～5 000g，青饲料5 000～6 000g；老龄若虫精料5 000～8 000g，青饲料4 000～5 000g。

五 管理方法

1. 种虫选育

（1）种虫来源 小规模饲养地鳖虫可捕捉野生虫作为种源。根据地鳖虫的生活习性，在地鳖虫聚居或经常出没处搜寻，发现后立即捕捉，同时注意土层中有无卵鞘存在，若有则筛取出，带回孵化。也可用罐头瓶等大口容器诱捕，内放炒香的糠、麸、饼、屑作诱饵，罐口与地面平齐，掩以麦秸稻草，可将夜出觅食的地鳖虫诱入而无法逃出，第2天即可捕获作种。

大规模饲养应就近购买种虫或卵鞘。种虫宜选择即将成熟的若虫，在同一批虫中挑选健壮、活泼、体型大、光泽好的个体作种，注意雌雄搭配，宜在较晚批次中挑选将成熟的雄虫，以使雌雄性成熟时间一致。卵鞘宜选择光泽、饱满的新鲜卵鞘，纵捏卵鞘可从锯齿侧看到长椭圆形丰满光亮的卵粒。卵鞘干瘪、卵粒暗黄有皱纹者为劣质卵鞘，不宜孵化作种。

（2）种虫选育 优良的种虫应当生长快、适应性强、产卵率高、虫壳厚硬、耐高密度饲养、易管理。可在每批若虫成熟前加以选择，在同等饲养条件下挑选生长最好的批次，并在其中选择最为壮硕的雌雄个体留种，挑选壮年种虫所产卵鞘来孵化下一代种虫，这样每代坚持选优，能够使种虫质量不断提高。

2. 繁殖孵化

地鳖虫成虫夏秋繁殖,一般于6~9月份交配,一只雄虫可交配5~7只雌虫,雌虫交配一次即可终生产出受精卵。由于雌雄若虫的性成熟期相差较大,可采用不同批次孵出的雌雄成虫交配,适宜的雌雄比例为5∶1。要留意观察各批次雌虫成熟时的雄成虫情况,防止失雄而造成生产大量未受精的无效卵鞘。如发现缺雄时应及时引雄补充,还可异地(场)引雄,定期交换种源,防止近交退化。多余雄虫,宜在成熟前采收,以免长翅后失去药用价值。选择操作方便的器具饲养雌成虫,产卵期间每隔一周取表层3cm以内的饲养土过筛,取出卵鞘,移入孵化器孵化或装入陶瓷容器保存以备孵化,但不宜保存过久。产卵盛期过后,宜将多余雌虫分批采收。采用专用的孵化池或盆、锅孵化,适宜的孵化温度为30~35℃,孵化土要求湿润透气,含水量约为15%~20%,以手捏成团松手易散即可。孵化土与卵鞘均匀混合,保证每个卵鞘都沾有泥土,每隔几日重新拌和一次,以使温湿均匀,避免虫卵缺氧,约需40天即可孵出幼虫。若温度略低,将会延长孵化期。

3. 温湿度调节

地鳖虫属变温动物,它的生长发育和繁殖等生命活动均受外界环境,特别是温湿度的影响很大。一般室内温度要保持在15~35℃之间,以30℃左右为宜。夏季7~9月份是虫子生长繁殖的黄金季节,也往往是最为炎热和潮湿的季节,高密度饲养器具内部容易出现高温高湿,应注意通风换气,降温排湿,控温在35℃以内。同时注意饲养土的水分变化,及时喷水调节,以补充水分的消耗,保持饮水和青饲料的供应。冬春低温时要做好保温取暖工作,可利用地温保温,在饲养池、缸周围堆填麦秸稻草等保暖物,饲养土层上覆盖一层麦糠稻壳。也可移至室内越冬,特别是幼虫和卵鞘更要注意保暖。保证饲养土最低温度在0℃以上。在保温取暖条件好的室内或塑料棚内加温饲养时,可消除冬眠,实现全年饲养,能够大幅度地缩短生长周期,提高生产效率。理想的温湿条件为温度30℃、相对湿度75%左右,通常用土暖气、火炉结合或利用太阳能加温。

4. 饲养密度

地鳖虫喜群居,较耐高密度饲养,但密度过大,仍会对生长繁

殖造成不利影响，所以在饲养过程中必须保持合理的密度。以下参数可供参考：幼龄若虫10万~20万只/m^2，中龄若虫2万~4万只/m^2，老龄若虫1万~2万只/m^2，成年种虫0.5万~1万只/m^2。正常情况下不宜过筛、翻窝、换土，以免虫子受惊，影响生长发育。但随着虫体长大，应及时分池，以防密度过高。应按虫龄分群，不同虫龄不宜混养，以防大虫蚕食小虫。在地鳖虫的越冬期，可加大密度，达到虫体相挨的程度，以利保温取暖。

六 地鳖虫的采收与加工

1. 采收

雄若虫在最后一次蜕皮前留够种虫，多余的部分即行采收。雌成虫在产卵盛期过后，除留足种外分批采收，一般分为两批，第1批在8月中旬前，采收已超过产卵盛期尚未衰老的成虫；第2批在8月中旬至越冬前，凡是前两年开始产卵的雌成虫，可按产卵先后依次采收。如果饲养规模较大或全年加温饲养的，在不影响种用的情况下，只要能保证虫壳坚硬，随时都可采收。不论何时采收，均应避开蜕皮、交尾、产卵高峰期，以免影响卵鞘繁殖。采收的方法是用2目筛子，连同饲养土一起过筛，筛去泥土，拣出杂物，留下虫体。

2. 加工

地鳖虫的加工方法常用的有晒干和烘干两种，其方法是：首先将虫中的杂物去尽，饿虫一昼夜，以消化尽体内的食物，排尽粪便，使其空腹。随后用冷水洗净虫体污泥，再倒入开水烫泡3~5min，烫透后捞出用清水漂洗。最后置于阳光下暴晒，达到干而有光泽、完整不破碎。如遇阴天，可用锅烘烤，有条件的可用烘箱或其他烘干设备，调节好温度，控制在35~50℃，待虫体干燥后即可。干燥后的虫体，可用纸箱、木箱或其他硬质容器盛装备用。一般将干燥后的地鳖虫磨粉，拌入混合饲料喂蝎子。

附录F 鼠妇的饲养技术

鼠妇又称潮虫、西瓜虫等，属于甲壳纲、等足目、平甲科的种类。鼠妇的种类较多，它们身体大多呈长卵形，为甲壳动物中唯一完全适应于陆地生活的动物,从海边一直到海拔5 000m左右的高地都有它们的分布。通过对鼠妇营养成分的化验表明,蛋白质和氨基酸含量均较低,唯有胱氨酸含量较高。因此单用鼠妇喂蝎子,蝎子不能正常生长发育。但与其他饲料配合使用,则可加速蝎子的生长发育。

一 生物学习性

1. 形态特征

鼠妇成虫体态呈长椭圆形,稍扁,长约10mm;表面灰色,有光泽,背腹扁行,背部呈显著弓形。头前缘中央及左右角没有显著的突起,有眼1对,触角2对,第1对触角微小,共3节;第2对触角呈鞭状,共6节。胸节7个,腹节5个,胸肢7对,较长大,其长度超出腕节与前节之和。腹肢5对,尾肢扁平,外肢与尾节嵌合齐平,内肢细小,被尾掩盖。雄性第1腹肢如鳃盖状,内肢较细长,末端弯曲呈微钩状。雌雄成虫体背面表面的颜色不固定,有时呈灰色或暗褐色,有时局部带黄色,并且有光亮的斑点(图F-1)。

图F-1 鼠妇虫成虫示意图

2. 生活习性

鼠妇喜欢群居,爬行十分敏捷,攀爬能力很强,但视觉不甚发达,害怕强光刺激,常生活在阴暗潮湿的地方,多栖息于朽木、腐叶、石块等下面及坑(池)表层或坑壁四周,有时也会出现在房屋(茅草屋)、庭院内(图F-2)。鼠妇在20~25℃之间生活较为正常,若室内外温度在25℃左右，在房前屋后的石块、砖块、瓦砾的下面、墙角，盆里，坛内均可以找到；温度低于25℃，需要选择温暖的花窖、庭院的下水道旁边进行采集，也可在平房的厨房地砖下面进行收集。

图 F-2　鼠妇栖息地

与黄粉虫一样，鼠妇属于杂食性动物，食性很杂，如各种粮食、面粉以及粮油加工厂的剩余副产品、杂草、枯枝烂叶，各种薯类的块根、块茎以及腐烂变质的食物、动物、昆虫的尸体等，无所不食。

3. 繁殖习性

鼠妇为卵生，孵出后不再变态。每年清明前后，气温暖和时便起蛰，11月中旬以后开始冬眠，鼠妇每年春季开始繁殖。卵产于其步足之间，孵化后的幼虫仍在雌虫的步足之间，到能独立生活后离开母体，分散活动。鼠妇生长发育所适宜的温度为25~28℃，适宜的相对湿度为95%左右。因此在人工饲养条件下，要特别注意温湿度，稍有不慎即可造成大批死亡。

二　饲养方法

1. 鼠妇的采集

为了采集方便，可把细叶结缕草连根铲起或者用稻草，倒盖在墙边的草坪上（可盖2~3层），开始几天不要浇水，等草干了之后，3天左右浇少量的水，只要维持其相对潮湿就可以。1个月左右开始采集，则可得到个体较大、数量较多的鼠妇。而且，采集过程非常方便，只要把草皮拿走就行。在鼠妇的收集过程中，必须小心地保护，收集后容器内应带一些湿土和注意通风。湿土最好是富含有机质，颜色以黑色最佳，同时可放几片烂树叶或一些植物的小根，采集时也可以在阴暗角落的地上挖一个坑，放入一个塑料杯，杯口与地面齐平，在杯中放入少许水果，一夜即可诱集大量鼠妇。

2. 鼠妇的饲养

饲养鼠妇可在缸、盆内或在室外砌窝进行。在容器内放一些经过筛选后的松软的土壤，土壤以富含有机质为好，特别是黑色的土壤效果更佳，同时可放一些烂树叶。土壤的含水量不宜太大，每天可向土壤中喷洒少量的清水，水滴入过多，土壤容易形成泥块或泥浆，这样会使鼠妇的活动减慢，甚至造成死亡。一般以用手抓起一把泥土，用力捏，没有水从指缝流出，松开手，轻轻一碰，泥土疏松，以此表明土壤的湿度适中。同时每3天换1次土，最长不要超过一周，换土也不要全部换，可放一半留一半。

虽然鼠妇喜欢群居，往往一群有几十个、几百个，但在人工饲养时密度不宜过大，一般一个1 000mL的烧杯内可饲养25~30只鼠妇，密度过大易使带卵或带幼子的母体受到干扰，过早地将卵或幼子甩掉，而造成流产，以致鼠妇死亡。饲养时可在容器上用黑布遮盖，保证有充足的空气，同时用橡皮圈套住黑布，防止鼠妇逃跑。鼠妇害怕光线，在晚上开着灯，也能起到防止鼠妇逃跑的效果。

要保持鼠妇栖居环境有适当的湿度，其饲料最好采用混合饲料，并适量投喂些青菜、薯类块根。另外，为防止窝内空气干燥，可经常向饲养窝内洒些清水。

> 【提示】 鼠妇的营养不全面，尤其是蛋白质和氨基酸含量均较低，适口性也不是很好，一般不宜单独饲喂，但是与其他饲料配合饲喂蝎子，则可加速蝎子的生长发育。

附录 G 家蝇的饲养技术

家蝇亦称舍蝇、无菌蝇,它不像苍蝇那样生存在腐烂物存在的环境,也不像苍蝇那样带菌,是专门培养和繁殖而来的一种饲料蝇。因其成虫和幼虫富含蛋白质、脂肪和多种氨基酸、微量元素,营养价值较高,是养蝎的比较理想的动物性蛋白质饲料。

一 生物学习性

1. 生活周期

家蝇为全变态昆虫,一生经历卵、幼虫、蛹和成虫 4 个阶段(图 G-1)。

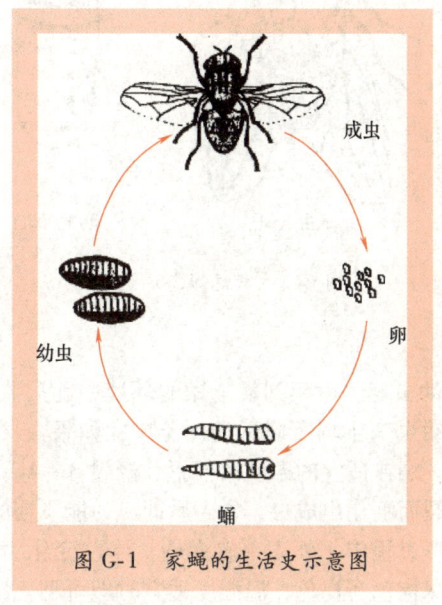

图 G-1 家蝇的生活史示意图

(1) **卵** 家蝇的卵为乳白色,呈香蕉形,长约 1mm。卵壳的背面有两条嵴,嵴间的膜最薄,卵孵化时壳在此裂开,幼虫钻出。在温度 24～32℃,相对湿度 65% 条件下,8～12h 即可孵化为幼虫。

(2) **幼虫** 通常称为蛆,呈锥形,前端尖,后端钝圆,有明显的体节，通常为11节（图G-2）。1龄到3龄幼虫的体色逐渐由透明、乳白色变为乳黄色。幼虫整个生长过程共蜕皮2次，共有3龄，第3龄幼虫不蜕皮，即前后收缩而变为蛹，需要5~6天。幼虫化蛹在培养料中进行。幼虫期适宜温度25~43℃，培养料含水分65%~80%最适宜。

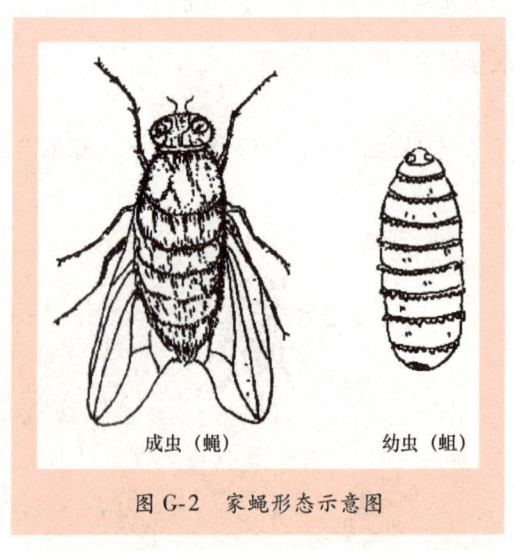

图G-2　家蝇形态示意图

（3）**蛹**　幼虫老熟后爬到较干燥的环境中前后收缩变成蛹。化蛹场所一般为幼虫孳生场所附近的泥土中，如果粪便表层干燥，也可于其上化蛹。蛹在适宜的温度条件下，经过3~4天发育成熟，由蛹前端开一环裂而羽化出成虫，蜕壳后即成为能飞翔的成虫。

蝇蛹在发育过程中，外壳由软变硬，体色变化为乳白色→米黄色→浅棕色→深棕色→褐色，温湿度适宜时即可羽化出成虫。

（4）**成虫**　经过5天左右的蛹期，家蝇在蛹壳内各器官已发育完全，在额囊的来回膨胀收缩压作用下，蛹壳前端破裂，家蝇从破裂处爬出。刚羽化出来的家蝇体表比较柔软，体躯浅灰色，两翅折叠在背上，只会爬行，不会飞，需要经过翅膀褶皱状态的伸展及几丁质表皮渐渐地变硬或变暗过程。成蝇在羽化地点的地面约停息

1.5h 或更长的时间后，才开始活动。温度在 27℃ 左右时，羽化 2~24h 的成蝇开始活动取食。成蝇自蛹羽化后 2~12 天内交尾，交尾后第 2 天开始产卵。

2. 生活习性

家蝇主要是白天活动，它可以不停地飞来飞去，觅食、求偶或到处爬行，喜欢在白色或浅色的地方停留，夜间栖息。主要吃腐烂的有机物，如动物粪便、垃圾等。成虫羽化 3 天后性成熟，开始交尾。雌蝇一生只交配 1 次，交尾后 2 天左右开始产卵，6~8 日龄为产卵高峰期，以后产卵量逐渐下降。20 天以后趋于老化，寿命 1~2 个月。

3. 繁殖习性

家蝇的世代历期短于其他昆虫，繁殖力极强，发育速度极快。在适温范围内（25~35℃）条件下，世代历期仅 10~15 天，其中卵历期不到 1 天，幼虫期 4~6 天，蛹期 5~7 天，成虫寿命 1~2 个月。成虫羽化 2~5 天后性成熟，并开始交配产卵。1 只雌蝇每次可产卵 100~200 粒，每对家蝇每年可繁殖 10~12 代。实际生产中每批种蝇饲养 20~25 天后应及时淘汰。

4. 取食习性

家蝇成虫喜欢摄食蛋白质含量高的流质食物，水是成虫生存的必要条件。红糖、奶粉是成虫的最佳食物，以奶粉、奶粉+白糖或红糖饲喂的成虫寿命可达 50 天以上。在饲料中增加蔬菜、水果等物质补充维生素、微量元素有助于提高产卵量。用鲜蛆浆饲喂成虫的产卵量比用奶粉提高 10%~20%。幼虫喜欢取食腐烂的有机质，各种不同程度的腐烂有机质都能成为其营养源。配制的人工饲料经 6h 左右发酵后投喂幼虫较为适宜。

二 饲养场地及设备

饲养家蝇通常在室内进行，常用设备主要有以下几种。

1. 蝇笼

用木条或其他材料做成规格为长 50cm、宽 50cm、高 40cm 的方形笼架，四周用白塑料纱罩着。其中一面留具操作孔，大小以能方便食盘或产卵盘放进或取出为宜。在操作孔上缝制长约 30cm 的黑色袖套，以防蝇外逃。

2. 立体饲养架

立体饲养架可减少占地，能充分利用空间，其规模应根据生产量来决定，一般3~4层为宜，以铁、木制成框架，四周及上下均可以用塑料纱网罩着。

3. 食盆或水分

每个网箱中配3~4只普通小碟放饵料，1个小盘放饮水，饮水盘中浸一块海绵。

4. 产卵盘

每个网箱中放大盘1个，盘中放产卵引子，产卵引子用麸皮加0.03%碳酸氢铵溶液拌成，也可以用新鲜或发酵过的畜禽粪便。产卵引子要均匀撒开，厚度1cm。产卵盘每天换1次，将蝇卵和产卵引子一起取出，移入幼虫培养室进行繁殖。种蝇在每天8点至下午3点产卵最多，取卵时间应放在第2天清晨。切记一定要把同一天所产的卵放入在同一个育蛆盆中。否则幼虫生长大小不一，影响产量，且不便分离。

5. 羽化瓶

用广口罐头瓶若干个，换代时用以盛放即将羽化的种蝇蛹。

三 种蝇的来源

饲养家蝇可到专门培养和繁殖家蝇良种的有关单位购买。另外，也可以用野生蝇灭菌后代替，方法是：在羽化缸中捞出化蛹的幼虫，放入含水10%的培养基中，待幼虫化蛹后，用0.1%的高锰酸钾溶液浸泡2min。然后选择个大、饱满的蛹置于种蝇箱中进行羽化。

四 饲养管理方法

1. 家蝇成虫的饲养管理

（1）配制饲料 为了提高家蝇的产卵率，人工饲养以喂炼乳、奶粉、红糖、蛆浆等为主。要用4日龄幼虫磨浆，加60%红糖、2%酵母粉和适当水调和成稀糊，另加适量0.1%的苯甲酸钠防腐。用纱布垫盘底，放入配制的饲料，让家蝇舔食。每天早上取出食盘和水盘清洗后更换新料。

(2) 饲养密度 一般每个蝇笼箱可养种蝇 10 000~12 000 只。饲养密度可根据家蝇个体的大小、通风设备优劣和降温设施是否得力作适当调整。

(3) 种蝇淘汰 种蝇饲养 20 多天后,产卵量会大大下降。为了保持高产,降低饲养成本,种蝇饲养 20 天后就要更换。淘汰的方法是:将蝇笼箱中的饲料和饮水取出,3 天后种蝇就全部死亡,也可以将种蝇放在烈日下晒死或用开水烫死。之后把死蝇倒出,将蝇的笼箱用 5% 的来苏儿水浸泡消毒,再用清水冲洗干净,晾干备用。淘汰后的种蝇烘干磨粉,拌入混合饲料即可以喂蝎子。

(4) 越冬保种 冬季若无加温饲养条件,可采用室内越冬办法进行保护。方法是:将蝇蛆保存在有适当温度和疏松粪土的容器内,置于室内,盖上稻草保温。

2. 幼虫(蝇蛆)的培养方法

(1) 培养设备 培养蝇蛆的设备,主要有育蛆盆和立体育蛆架。
1)育蛆盆。塑料盆若干个,高度以 10~15cm 为宜。
2)立体育蛆架。可按照种蝇立体饲养适当予以调整,架上放盆或塑料箱。

(2) 幼虫培养基 用鸡粪或猪粪 60%、麦麸 35%、粗糠 5%,配成含水量 65% 的培养基料,也可用新鲜或发酵过的鸡粪、猪粪直接做成培养基。

(3) 接种孵化 将配制好的培养基盛在育蛆盆中,厚度 3~5cm。每千克培养基接入 3g 蝇卵,将蝇卵均匀撒在培养基表层,放置在温度 24~32℃ 的培养室中培养,8~12h 后即可孵化出幼虫。

(4) 幼虫的分离 幼虫经过 3~4 天即可变成蛹,幼虫在变蛹前要进行收集利用。收集幼虫的方法是,利用幼虫怕光的特性,把培养盆放在有阳光或较强的灯光下,不断扒培养基表面,幼虫就不停地往深处钻,取出表层培养基后再扒,如此反复直至幼虫全部钻入底层。最后把剩余的培养基和幼虫倒入用纱布制成的筛子内,在水中反复漂洗,即可获得干净的幼虫。

五 家蝇的利用

家蝇一生的四个形态中,除卵、蛹外,鲜活的幼虫和成虫作为蝎子的饲料，比较适口且营养丰富。据分析，家蝇幼虫和成虫，蛋白质含量分别为15%和13%，脂肪含量也较高。它的干物质不低于鱼粉的蛋白质和脂肪的含量。另外，幼虫富含多种氨基酸和相当数量的钙、磷、铜等多种动物生命所必需的微量元素。

幼虫以2日龄饲养蝎子为宜，用前用清水反复清洗，晾至无水后方可投喂。

由于成虫会飞，投喂时需在养蝎池上方加盖网罩。网罩可用蓝色或绿色尼龙窗纱制成，一侧留操作孔。操作孔上缝制黑色袖套，以防蝇外逃。操作孔大小，以能放入蝇笼为宜。投喂时，先将蝇笼中的食盘等器皿取出，将蝇笼（内有成虫）通过操作孔放入罩内，待成虫从笼中飞出后将蝇笼取出（图G-3）。成虫白天活动，夜里栖息在垛体上，蝎子夜里出来活动，捕食比较方便。

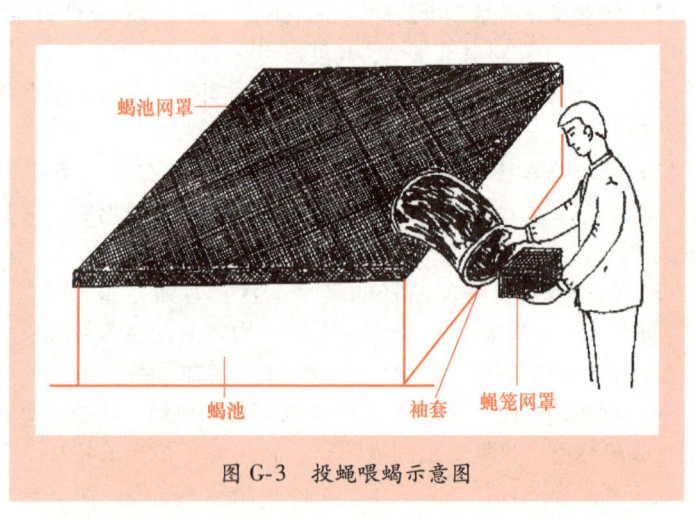

图 G-3　投蝇喂蝎示意图

附录 H　全蝎药物利用及药方汇集

蝎子是传统的名贵中药材，几千年前人们就认识到蝎子有防治疾病的奇特功效，被广泛应用。在中医学上，约有100多种疾病的治疗和预防需要蝎子。据研究测定，蝎子体内含有人体所必需的氨基酸17种，微量元素14种，并含有特殊蛋白质，具有很强的滋补、保健、美容价值，能调节人体机能，促进新陈代谢，增强细胞活力，有息风止痉、通经活络、消肿止痛、攻毒散结之功效，可用于风湿顽症、半身不遂、四肢麻木、中风、瘰疬、破伤风、无名肿毒、癌症、性病、艾滋病等。对神经系统、心血管、乙肝、肾炎、胃炎、皮肤病及肝癌等多种疑难病症有独特的预防和治疗作用。下面汇集了国内外全蝎部分药方，仅供参考。

【方1 牵正散：主治面神经麻痹、三叉神经痛、中风等症】白附子、白僵蚕、全蝎等份，研细，合散剂。每服2~3g，日服2或3次，用热酒调服。也可作汤剂，水煎服，具有祛风痰、解痉挛之功效。

【方2 止痉散：主治痉厥、四肢抽搐，以及顽固性头痛、关节痛等症】 蜈蚣、全蝎等份，研细，合成散剂。每服1~1.5g，日服2~4次，温开水冲服，具有祛风解痉、止痛功效。

【方3 五虎追风散：主治破伤风抽搐、角弓反张等症】 由蝉蜕、明天麻、天南星、全蝎、僵蚕组成。有祛风痰、止痉搐之功能。

【方4 祛风活络膏：主治各类风病风症等】 白花蛇1盘，全蝎、僵蚕、川乌、细辛、川羌、皂角、天南星各15g，白附子25g，稀莶草30g。用香油250g，将药炸枯，滤去渣，再兑白淀粉，老嫩合宜，凉后再入麝香面7g，搅匀收膏。用时外敷患处。具有活血化瘀、消肿止痛、舒筋活络、祛风除湿之功效。

【方5 类风丸：主治类风湿性关节炎等症】 白花蛇1条，全蝎、僵蚕、细辛、川羌、川乌、皂角、天南星各25g，白附子40g，稀莶草50g，香油250g，将药炸枯去渣，兑白淀粉，凉后入麝香10g调匀收膏。用时外敷患处。具有祛风活络、通经止痛之功效。

【方6 黑虎丸：主治风湿性关节炎、全身神经痛等症】 马钱子（炒黑）、黑豆（炒黑）、苍术、白术、姜活、防风、桂枝、麻黄、乳香、没药、牛膝、续断、杜仲、木瓜、秦艽、桑寄生、川乌、草乌、巴戟天、当归、防己、天麻、川芎、全蝎各等份。上药研末，水泛为丸，如桐子大。每次服20粒，每日3次，用黄酒送服。具有祛风除湿、舒通经络、逐寒真痛之功效。

【方7 风湿马钱片：主治各类风寒湿痹、顽痹等症】 马钱子粉125g，僵蚕（炒）、乳香（炒）、没药（炒）、全蝎、牛膝、苍术、麻黄、甘草各19g。片剂。每片0.3g，口服，每人每次服4片，7岁以上儿童服成人1/2量，每日3次，空腹温开水送服。具有祛风除湿，活血止痛之功效。

【方8 龙马定痛丹：主治颈椎病疼痛较深而无虚损之象者等症】 马钱子30g，地鳖虫、地龙、全蝎各3g。制时先将马钱子铁砂拌炒至膨胀，外呈棕黄色，切开取出，与地龙、地鳖虫、全蝎共研细末，再加入赋形剂成糖衣片，共160片。每次1~2片，每日服2次，1个月为1疗程。具有活血脉、化淤血、祛风湿、止痹痛之功效。

【方9 白花蛇散：主治筋脉拘急、挛缩疼痛等症】 白花蛇（酒不浸，去皮骨、炙）、天南星（炮）、天雄（炮），白僵蚕（炒）、全蝎、麻黄（去根节，汤煮掠去沫、焙）、蜂子、炙甘草、炮干妆各50g。上散研粉，每服15g，温酒调服。具有舒筋活络，祛风止痛之功效。

【方10 蝎蛇散：主治增生性脊柱炎、类风湿、癌肿疼痛等症】 全蝎15g，金钱白花蛇1条（或乌梢蛇30g），闹羊花子4.5g，炙蜈蚣10条，钩藤30g。共研细末，分作10包。每次服1包，第1天服2次，以后每晚服1包，服完10包为1个疗程。具有活血化淤、祛湿、止痛之功效。

【方11 灵动搜风汤：主治周痹、上下四肢、游移作痛等症】 生黄芪30g，土鳖虫、蕲蛇肉、制川乌（先煎）各6g，蜣螂4.5g，制全蝎4g，蜈蚣2条，绿豆衣10g，龟甲18g，露蜂房9g。每日1剂，水煎服，具有活血化淤、搜风通络之功效。

【方12 当归回逆汤：主治坐骨神经痛等症】 全当归、川断各15g，嫩桂枝、酒杭芍、干地龙、香独活、防己、木瓜各10g，北细辛、生甘草各3g，全蝎5g，川蜈蚣3条，川牛膝12g。水煎服，每日1剂，日服2次，具有散寒利湿，祛风通络之功效。

【方13 三土汤：主治湿热型类风湿性关节炎活动期等症】

土茯苓、土贝母、土赤芍、金银花、蒲公英、川芎、王不留行、生地黄、补肾脂、全蝎、蜈蚣、生薏苡仁各等份。每日1剂,水煎服。具有清热利湿、通络止痛之功效。

【方14 天雄丸:主治类风湿性关节炎、手足挛急、皮肤不仁等症】 天雄(炮裂,去皮、脐)、麻黄(去根、节)、天麻、桂心、羌活、干蝎(微炒)、朱砂(细研,水飞过)各30g,天南星22.5g,雄黄15g(细研,水飞过)、腻粉、麝香(细研)、牛黄(细研)各7.5g,乌蛇(酒浸,炙微黄,去皮、骨)60g。上药捣细为末,炼蜜和捣二三百杵,丸如梧桐子大。每服10丸,以豆淋酒下,不计时候。具有祛湿活血、通络止痛之功效。

【方15 宣络通痹汤:主治类风湿性关节炎等症】 当归、熟地各15g,苍耳子、蜂房、山甲珠、土鳖虫各10g,海桐皮15g,乌蛇、淫羊藿各20g,全蝎3g,山龙30g,鸡血藤25g,蜈蚣2只,蜣螂5个。水煎服,每日1剂,日服2次。具有清热利湿、通络止痛之功效。

【方16 拈痹汤:主治风寒湿痹等症】 全蝎9g,土鳖虫、姜黄、苍术、蜣螂虫、僵蚕、黄柏、鸡血藤胶、防风、木瓜、天仙藤、石楠藤各12g,秦艽、薏苡仁各24g,银花藤15g,蜈蚣3条,金钱白花蛇1条,甘草6g。每日1剂,水煎服。具有搜风除湿、散寒止痛、舒筋活络之功效。

【方17 蕲蛇参蝎汤:主治风湿病并发神经炎等症】 蕲蛇、僵蚕各9g,太子参、生黄芪、地骨皮、女贞子各30g,玉竹15g,黄精、生地黄、知母各6g,全蝎5g(研虫)。每日1剂,水煎服。具有益气养阴、息风通经之功效。

【方18 附子防己汤:主治风湿关节炎等症】 黑附子(先煎)、防己、白芍、青风藤、络石藤、鸡血藤各30g,麻黄5g,细辛3g,防风、当归、自然铜各15g,生黄芪45g,党参、知母、甘草各12g,全蝎2只,血竭1.5g。每日1剂,水煎服。具有温经、活络、止痛之功效。

【方19 龙马定痛丹:主治风湿关节炎等症】 马钱子30g、地鳖虫3g、地龙3g、全蝎3g、朱砂0.3g。制时先将马钱子用土炒至

膨胀、再入香油炸之、俟有响爆之声、外呈棕黄色、切开呈紫红色时取出与地龙、地鳖虫、全蝎共研细末,后入朱砂,蜜成丸40粒。睡前1粒,一周无效晨加0.5~1粒。具有温经、活络、止痛之功效。

【方20 川芎汤:主治三叉神经痛等症】 川芎30g、荆芥、防风、全蝎、荜茇、天麻各12g、细辛5g、蜈蚣2条,加水煎服15min,滤出药液,再加水煎服20min,去渣,两煎药液兑匀,分2次服,每日1剂。具有通络止痛之功效。

【方21 红花蝎虫汤:主治坐骨神经痛等症】 红花12g,桃仁15g,全蝎粉3g,加水煮汤,30min后加入全蝎粉3g、饮用。具有通络止痛之功效。

【方22 祛风除湿镇痛酒:主治风寒湿痹,腰脊酸痛,肌肉不仁,关节冷痛,经络不调,肢体麻木等症】 地风3g,克桑寄生、桂枝、没药、川牛膝、苍术、白术、千年健、狗脊、地龙、木香、骨碎补、天南星、远志、陈皮、松节、红花、木瓜、熟地、木通、蜈蚣、防风、杜仲、白芷、续断、海藻、威灵仙、血竭、鸡血、鹿角胶、乌梢蛇、海桐皮、蚕砂各4.5g,当归6克,独活、苍耳子、附子、全蝎、五加皮、天麻、络石藤、稀莶、龙眼肉、枸杞子各6g,防己、何首、乌头各7.5g。上药共捣粗末。柳枝、合欢枝、枣树枝各45g,楮枝、桃树枝各4枝,共切碎末。以白酒1 250mL,密封浸泡上药末10~14天,取出,炭火加温后过滤,取药液,再加冰糖60g,红糖75g,溶化冷却备用。每次服5~10mL,每日3次。具有祛风除湿,蠲痹止痛之功效。

【方23 加味五虎散:主治腰椎间盘突出症并发坐骨神经痛等症】 当归、红花、防风、天南星(制)各15g,白芷12g,全蝎、乌梢蛇、穿山甲、土鳖虫各9g、地龙21g。急性期每日1剂,水煎服;慢性期山药为散,每日2次,每次3~4g,酒送服。具有活血通络之功效。

【方24 散毒万灵丸:主治风寒湿痹、关节疼痛等症】 茅苍术400g(米泔水浸),金钗石斛、麻黄、西当归、川羌活、炙甘草、荆芥、何首乌、防风、明天麻、北细辛、制草乌、全蝎、川芎、制川乌各50g，雄黄3g，朱砂3g。上为细末，炼蜜为丸，每丸重1钱5分，将朱砂为衣。制蜜丸，每丸重2.8g。口服，每次3丸，每日2次。孕妇忌之。具有祛风止痛、解毒散结活血通络之功效。

【方25　中风回春丹：主治中风偏瘫、口眼歪斜、半身不遂、肢体麻木等症】　当归（酒制）、川芎（酒制）、土鳖虫（炒）、桃仁、苍耳子（炒）、威灵仙（酒制）、僵蚕（麸炒）各30g，全蝎、红花各10g，络石藤、伸筋草各60g，丹参、忍冬藤、川牛膝、鸡血藤各100g，蜈蚣5g，金钱白花蛇6g，木瓜50g，地龙（炒）90g，当归、川芎、地龙、土鳖虫、蜈蚣、金钱白花蛇、全蝎、僵蚕、丹参各半量，粉碎成细粉，过筛，剩余量与其余红花等10味，加水煎煮2次，第1次2h，第2次1.5h，合并煎液，滤过，滤液静置24h，倾取上清液，浓缩至相对密度为1.20～1.30的稠膏，加入细粉，混匀，制成颗粒，干燥，压制成1 000片，包糖衣，即得。每次4～6片，每日3次口服。具有活血化淤，开窍定惊，镇痛之功效。

【方26　五虫散：主治帕金森综合征】　蝉蜕6g，地龙、僵蚕、土鳖虫各5g，全蝎3g。上药研为细末，每次温水送服6g，分2次服完。具有通络散结、行气熄风、化痰止咳的功效。

【方27　赭石地芩汤：主治癫痫等症】　赭石50g，地龙、茯苓各20g，全蝎、蜈蚣、僵蚕、钩藤、陈皮各15g，朱砂6g。每日1剂，水煎服。具有通络止痛之功效。

【方28　医痫丸：主治癫痫症等】　全蝎16g，生白附子40g，天南星（制）、半夏（制）、僵蚕（炒）、乌梢蛇（制）各80g，猪牙皂400g，蜈蚣2g，白矾120g，雄黄12g，朱砂16g。将朱砂、雄黄分别水飞成极细粉；其余生白附子等九味粉碎成细粉，与上述粉末配研，过筛，混匀，用水泛丸，干燥，即得。每50粒重3g，每次3g，每日2次口服，5～10岁儿童减半。具有通络止痛之功效。

【方29　加减九分散：主治寒湿性坐骨神经痛等症】　制马钱子45g，制乳香、制没药、麻黄、肉桂、全蝎各30g。上为细末，装0.25g胶囊。每次服2～4粒，每日2次，3周为1疗程。具有活血化淤、消炎止痛之功效。

【方30 筋痹散：主治筋痹等症】 蕲蛇、蜈蚣、全蝎各9g。上药研粉，分成8包，首日2包，上下午分服，以后每日1包，7天为1疗程。具有舒筋、通络、驱痹之功效。

【方31 大活络丸（丹）：主治破伤风等症】 蕲蛇、乌梢蛇、威灵仙、两头尖、麻黄、贯众、甘草、羌活、肉桂、广藿香、乌药、黄连、熟地黄、大黄、木香、沉香各40g，细辛、赤芍、没药（制）、丁香、乳香（制）、僵蚕（炒）、天南星（制）、青皮、骨碎补（烫、去毛）、豆蔻、安息香、黄芩、香附（醋制）、玄参、白术（麸炒）各20g，防风50g，龟甲（醋淬）40g，葛根、虎骨（油酥）、当归各30g，血竭14g，地龙、犀角、麝香、松香各10g，牛黄、冰片各3g，红参60g，制草乌、天麻、全蝎、何首乌各40g。以上48味，除麝香、牛黄、冰片外，犀角锉研成细粉，其余蕲蛇等44味粉碎成细粉；将麝香、牛黄、冰片研细，与上述药粉配研，过筛，混匀。每100g粉末加炼蜜145～155g制成大蜜丸，每丸重3g，口服，每次1丸，每日2次。具有祛风止痛，除湿豁痰，舒筋活络之功效。

【方32 沉香丸：主治肾脏风毒流注、腰腿疼痛、腹腺郁闷等症】 沉香、鹿茸、炮附子、牛膝各50g，桂心、海桐皮、萆薢、槟榔各15g，全蝎25g。上药研末，炼蜜为丸，如桐子大。每服30丸，每日2次，温酒送服。具有温补肾阳、祛风除痹、理气止痛之功效。

【方33 养肾散：主治肾气虚损、腰脚骨节酸痛、膝胫不能屈伸，即感受风寒湿邪、肢体疼痛等症】 全蝎15g，天麻9g，苍术（去粗皮）30g，附子（炮，去皮脐）、草乌头（去皮脐）各6g。上药为细末，空腹温酒调服。具有温经养肾、祛除风寒湿邪之功效。

【方34 四味刀豆散：主治肾病等症】 白刀豆205g，红花、小檗皮各20g，黑蝎子10g。共研细粉，混匀即得。每服1.5g，每日3次。具有温经养肾、祛除风寒湿邪之功效。

【方35 撮风散：主治破伤风、小儿脐风及高热惊厥等症】 由蜈蚣、全蝎、僵蚕、钩藤、朱砂、麝香组成。具有祛风解痉开窍之功能。

【方36 钩藤饮：主治小儿急惊，牙关紧闭，手足抽搐，惊悸壮热，眼目窜视等症】 钩藤9g，全蝎、天麻各6g，人参、羚羊角、甘草各3g。水煎服，每天1剂，温服。具有熄风定惊之功能。

【方37 琥珀惊风片：主治小儿急惊、四肢抽搐、神昏痰多者等症】 由琥珀、朱砂、川贝母、天竺黄、僵蚕、天麻、胆南星、白附子、钩藤、防风、全蝎、甘草、麝香、冰片的等量组成。制成片剂，每服2片，日服1~2次。具有镇惊熄风，化痰开窍。

【方38 小儿回春丹：主治小儿惊风痰厥，或感冒发热，热痰上壅，喘咳气急等症】 牛黄10g，冰片15片，麝香15g，朱砂、羌活、僵蚕、天麻、防风、全蝎、白附子各30g，天竺黄、川贝母、甘草各100g，胆南星、钩藤各200g，蛇含石80g。诸药和合，制成丸剂，每粒0.2g。每服2~3粒，日服1~2次，开水送服。具有熄风镇惊、化痰开窍之功效。

【方39 千斤散：主治小儿惊风等症】 全蝎（炙）、僵蚕各0.9g，朱砂12g，牛黄0.18g，冰片、黄连、天麻各1.2g，胆南星、甘草各0.6g。上药为末，每次服0.15~0.21g，每天2次。具有热解毒，镇痉定惊之功效。

【方40 小儿惊风散：主治小儿惊风等症】 全蝎120g、僵蚕（炒）224g，雄黄40g，朱砂、甘草各60g。同研为细末，周岁以上小儿服1.5g，每天2次，周岁内小儿酌减。具有热解毒，镇痉定惊之功效。

【方41 牛黄清心片：主治热盛深昏迷抽搐，小儿惊厥等症】 由牛黄、朱砂、黄连、山栀、郁金、全蝎组成。片剂。每服2片，日服1或2次。具有清心开窍，熄风镇惊之功能。

【方42 牛黄惊风片：主治小儿急惊抽搐，或咳喘痰多者】 由牛黄、朱砂、制南星、天竺黄、全蝎、僵蚕、麝香、琥珀、茯苓组成。片剂。每服2片，口服1~2次。具有镇惊熄风、化痰开窍之功能。

【方43 五虎追风汤：主治妇女产后破伤风等症】 蝉蜕30g，制南星、明天麻各6g，全蝎7只，僵蚕7条，朱砂1.5g。水煎、去渣，加入黄酒60g，服前先冲服1.5g，每天1次，连服3剂。具有抗惊厥、镇静、祛风解痉,止痛之功效。

【方44　加味天麻汤:主治妇女产后破伤风等症】　天麻12g,白附子(炮)9g、天南星(炮)9g,全蝎、钩藤、陈皮、半夏各9g。水煎服,每天1次,连服3剂。具有抗惊厥、镇静之功效。

【方45　牛黄镇惊丸:主治高热神昏、惊风等症】　牛黄80g,琥珀6g,冰片、人工麝香各40g,天麻、防风各200g,僵蚕(炒)、朱砂、雄黄、钩藤、胆南星、白附子(制)、半夏(制)、天竺黄、珍珠、薄荷各100g,全蝎300g,甘草400g。朱砂、雄黄、珍珠分别水飞或粉碎成极细粉,其余全蝎等12位药粉碎成细末,将牛黄、麝香、冰片研细,与上述粉末配研,过筛、混匀,每100g粉末加炼蜜35~50g和适量的水,泛丸,低温干燥成水蜜丸;或加炼蜜110~140g制成小丸或大蜜丸。口服,水蜜丸每次服1g,小蜜丸每次1.5g,大蜜丸每次1丸,每天1~3次,3岁以内酌减。具有镇惊安神,祛风豁痰之功效。

【方46　牛黄抱龙丸:主治高热神昏、惊风等症】　牛黄8g,胆南星200g,天竺黄70g,茯苓100g,琥珀50g,麝香4g,全蝎30g,僵蚕(炒)60g,雄黄50g,朱砂30g。以上十味,除牛黄、麝香外,朱砂、雄黄分别水飞或粉碎成极细粉;其余胆南星等六味粉碎成细粉;将牛黄、麝香研细,与上述粉末配研,过筛、混匀。每100g粉末加炼蜜90~100g制成大蜜丸,每丸重1.5g。口服,1次1丸,每日1~2次,周岁以内酌减。具有清热镇惊,祛风化痰之功效。

【方47　七珍藏珍丹:主治肝胃热盛,乳食停滞,发热腹胀,大便酸臭,及痰涎壅盛,惊风抽搐等症】　胆南星、天竺黄、雄黄各15g,僵蚕、全蝎、朱砂、寒食曲各30g,巴豆霜6g,麝香3g。水丸。周岁小儿每服0.1g,日服1~2次。具有镇惊安神,祛风豁痰之功效。

【方48　全蝎观音散:主治小儿外感风冷,内伤脾胃,呕逆吐泻,不进乳食,渐渐羸瘦;或脾虚自汗,多出额上,沾黏人手等症】　石莲肉(炒,去心)、白扁豆(炒)、人参各75g,神曲(炒)60g、全蝎、羌活、天麻(去苗)、防风(去苗)、木香(炮)、白芷、甘草(炙)、黄耆(捶扁,蜜刷炙)各30g,茯苓(去皮)45g。

上为细末。婴儿每服0.5g，二三岁1.5g，用水80mL或150mL，加枣子半个或1个，同煎至60mL或100mL，去渣服，不拘时候。具有温养脾胃，进美饮食之功效。

【方49　宣风散：主治初生小儿脐风撮口，多啼不乳，口出白沫等症】　全蝎21只，用好酒涂炙为末，麝香一字（另研）。上和为细末。用半字，煎汤调服。

【方50　通神散：主治耳聋症】　全蝎1只，地龙2条、蝼蛄2只，明矾（半生半煅），雄黄各25g，麝香13g。上药为细末，每用少许葱白，蘸药入耳中，闭气面壁静作1～2h，3日1次。

【方51　风络静散：主治偏、正头痛等症】　全虫1000g，蜈蚣（4寸长全头足）150条，地龙（去净土）150g。生地、当归、白芍、甘草各200g。上药晒干，粉末过100目筛，装入0.25胶囊，放置干燥凉处。用于镇痛，成人每次4～5粒，慢性疾患每次服3～4粒，每日3次，黄酒或白开水送下，小儿酌减。

【方52　再造丸：主治风痰阻滞，中风不语，口眼歪斜，手足拘挛，筋骨酸痛，肢体瘫痪等症】　白花蛇、青皮、何首乌、香附、乳香、僵蚕、穿山甲、虎骨、没药、龟板、母丁香、玄参、熟地黄、黄芪、竹节香附、大黄、骨碎补、红曲、细辛、三七、豆蔻仁、川芎、甘草、黄连、葛根、麻黄、檀香、天竺黄、地龙、防风、姜黄、茯苓、桑寄生、藿香、赤芍药、全蝎、制附子、沉香、天麻、神曲、肉桂、白术、白芷、羌活、人参、橘红、血竭、威灵仙、草豆蔻、当归、乌药、松节、牛黄、麝香、冰片、犀角、朱砂。蜜丸。每服9g，日服2次。

【方53　定眩汤：主治经络阻滞，血脉不通，髓海失充，肝风内动，风火上扰等症】　天麻、半夏、全蝎、僵蚕9g，白芍、夜交藤、钩藤24g（另包后下），茯苓15g，丹参30g。水煎服，每日1剂，日服2～3次。15天为1疗程。

【方54　万应膏：主治跌打损伤，负重闪腰，筋骨疼痛，胸腹气痛，腹胀寒痛等症】　桃仁、红花、三棱、莪术、血余、赤芍药、当归、麻黄、桂枝、羌活、独活、秦艽、防风、威灵仙、僵蚕、全蝎、白芷、良姜、附子、川乌、草乌、大黄、山栀、五加皮各60g，生地、香附、乌药各120g，肉桂粉、苏合油各15g，黄丹1 800g，麻油7 500g。加工成膏剂，贴于患处。

【方55　麝香抗栓胶囊：主治中风半身不遂，语言不清，手足麻痹，头痛，目眩（脑血栓）等症】　麝香、羚羊角、三七、天麻、全蝎、忍冬藤、水蛭。制硬胶囊剂。口服，每日3次，每次4粒，温开水送服。具有活血通络之功效。

【方56　钩蝎散：主治偏头痛等症】　炙全蝎、钩藤、紫河车各9克，共研细末，分作10包，每副1包，口服2次。一般1～2日可奏效。痛定后，每日或间日服1包，以巩固疗效。也可取全蝎末少许置于"太阳穴"，用胶布封固，每2日1换。

【方57　蝎甲散：主治流火等症】　流火即"丹毒"，发于腿部者多由肝火湿热郁遏肌肤所致，每以辛劳、受寒而引发，殊为顽缠，可用下方治疗。全蝎30g，炮山甲45g，共研细末。每副4.5g，每日1次，儿童、妇女或体弱患者酌减，孕妇忌服。具有清热祛寒、消肿之功效。

【方58　抗结核散：主治肺结核等症】　炙全蝎、白及、胎盘各60g，炙蜈蚣、地鳖虫各30g，甘草15g，研为细末。用法用量：每服4g，每日2次。凡肺结核伴有空洞而久治不愈者，其病灶多僵化，使用此方可使病灶吸收，空洞闭合。

【方59　消瘰散：主治瘰疬等症】　炙全蝎20只，炙蜈蚣10条，穿山甲20片（壁土炒），火硝1g，核桃10枚（去壳），共研细粉。每晚服用4.5g（年幼、体弱者酌减），陈酒送下。不论瘰疬已溃、未溃，一般连服半月即可见效，以后可改为间日服1次，直至痊愈。

【方60　安露散：主治急性白血病等症】　全蝎、蜈蚣、僵蚕、地鳖虫等量烤干研粉。一般每服0.7g，每日3次。慢性未急变者以每次服0.3g，每日3次为好，和入鸡蛋蒸食。对合并感染高烧的患者，可配合使用金银花、黄芪各30g，当归、甘草各15g，以补气补血，活血化淤，清热解毒。

【方61　四虫丸：主治血栓比塞性脉管炎等症】　蜈蚣、全蝎、土鳖虫、地龙各100g，研为细末，加适量水，泛为水丸。每次服3g，每天 2~3 次，温水送服。

【方 62　主治角弓反张、痉挛抽搐等症】　蝎尾 4 只，蜈蚣 1 条，防风 9g，天麻 12g，研细粉备用。本方对口噤、角弓反张、痉挛抽搐甚则不省人事者，有显著缓解乃至治愈之功。对口噤者，可以药粉擦牙或吹鼻内，待口噤稍开后，再取药粉 6g 和陈酒灌服。如病情需要，可以连续服用。

【方 63　主治乙型脑炎抽搐等症】　全蝎、蜈蚣、天麻各 50g，僵蚕 100g，共研细末。每服 1.5~2.5g。严重的抽搐惊厥，可先服 5g，以后每隔 4~6h 服 1.5~2.5g。

【方 64　主治小儿风痫等症】　蝎 30 只，取一大石榴，割头去籽作瓮子，纳蝎子于其中，以纸筋和黄泥封裹，初炙干，渐烧令通赤，良久，去皮放冷，取其中焦黑者，细研成散。每副以乳汁调下 0.5g。儿稍大，以防风汤调下 2.5g。

【方 65　主治高血压、动脉硬化引起的头痛等症】　全虫、钩藤各 35g，丽参 5g，共研末。每日 2 次，每次服 10g。

【方 66　主治血栓闭塞性脉管炎、淋巴结核、骨关节结核等症】　蝎子、蜈蚣、乌蛇干、地鳖虫、地龙各等份研为细末，每次服 5g，每日 3 次，还可炼为蜜丸内服。

【方 67　主治血栓闭塞性脉管炎、淋巴结核、骨关节结核等症】　全蝎、地龙、土元、蜈蚣各等份，研为细末，或水泛为丸。每次服 4g，每日 3 次。

【方 68　主治偏头痛等症】　全蝎、蜈蚣、僵蚕、细辛各等份，共研细末，每次 3g，开水送服。

【方 69　主治恶性淋巴结肿瘤等症】　全蝎、蜈蚣、生水蛭、明雄黄、枯矾、血竭各 30g，乳香、没药、朱砂、天花粉各 60g，炉甘石、白硇砂、苏合香油、硼砂、白及各 15g，轻粉 2g，共研极细粉，水泛丸如绿豆大。按病人耐受情况，每服 2~10 粒，每日 3 次。其副作用稍有恶心，但无肝、肾功能及血象等的异常变化。

【方 70　主治顽固性湿疹、皮肤瘙痒症、神经性皮炎、阴囊湿疹等症】　全蝎、猪牙皂、苦参各 6g，皂刺、威灵仙各 12g，刺蒺藜、炒槐花各 15g，炒枳壳、荆芥各 9g，蝉蜕 3g。

【方71　主治湿疹等症】　全蝎（去毒）30只，蜈蚣两条，浸泡于150mL 60°以上的白酒中。密封7天后，用棉球蘸药酒涂擦患处，每日3次。一般3~4天即可显效。

【方72　主治关节疼痛、手足麻木等症】　全蝎7只（炒），穿山甲3g，研匀，空腹温酒调服。

【方73　主治癫痫症】　全蝎，郁金、明矾各等量。研粉混匀，每副5分，日3次。

【方74　主治小儿癫痫等症】　取全蝎（连尾）、蜈蚣（去头、足）等量，晒干研末，蜜制为丸如桐子大，成人每日5~6g，早晚分服。小儿按年龄、体重递减。如无毒性反应，可连续使用。

【方75　主治乙型脑炎抽搐等症】　全蝎、天麻、蜈蚣各30g，僵蚕60g。共研细末，每服0.5~1.5g；严重的抽搐痉厥，可先服1钱，以后每隔4~6h，服0.5~1.5g。

【方76　主治乙脑后遗症失语等症】　茯苓90g（姜汁1匙、竹沥1杯，拌渍后晒干），全蝎15g，僵蚕、广郁金各60g。共研细末。每次6g，每日3次，食后开水调服。

【方77　主治高血压病、动脉硬化引起的头痛】　全蝎、钩藤、丽参各6g。共研末，每日2次，每次服6g。

【方78　主治中风，口眼歪斜，半身不遂等症】　白附子、白僵蚕、全蝎（去毒）各等份（并生用）。上为细末，每服1钱，热酒调下，不拘时候。

【方79　主治中风导致的口眼歪斜，半身不遂等症】　全蝎（去毒）、僵蚕、白附子各20g。上药共研细末，每次3g，每日2次，温热黄酒送服。

【方80　主治漏睛疮等症】　炙全蝎若干，研极细末。每服1.5g，儿童酌减，每日2次，开水送服。漏睛疮相当于现代医学之慢性泪囊炎急性发作。

【方81　主治流火、痈疽等症】　流注与瘰疬等多为结核性病变，属阴疽、串痰之疾，常不易速愈。用此方疗效较好。炙全蝎90g，蜂房30g，蝉衣60g，炙甲片120g，共研细粉，水泛为丸如绿豆大。每晨服用1.5g。适当增加其用量，疗效更显著。

【**方 82** 主治急性扁桃体炎等症】 香油 0.5kg,投入活蝎子(冷开水洗净,晒干)35~40 只,浸泡 12h。取蝎尾一小节,置于直径 2cm 的橡皮膏正中,贴于下颌角下方正对肿大的扁桃体外面皮肤上。若双侧肿大,则两侧同用。一般贴 12h 即能收效,若无明显缓解,可继续用 12h。如有并发症,则应改用其他药物治疗。

【**方 83** 主治大面积烧伤后期残余创面等症】 取全蝎 45 只,蟾蜍 7~10 只,麻油 1kg,鲜蛋黄 0.5kg,煎后去渣后继成生肌油。用生理盐水洗净创面脓性分泌物,将生肌油纱布按创面大小敷贴,行半暴露或包扎疗法。对无脓性分泌物的创面,一般不换药;对脓性分泌物较多的创面,每日换药 1 次至创面愈合为止。

【**方 84** 主治风淫湿痹,手足不举,筋节挛疼等症】 先与通关,次以全蝎 7 只,瓦炒,入麝香一字,研匀,酒三盏,空心调服,如觉已透则止,未透再服;如病未尽除,自后专以婆蒿根洗净,酒煎,日 2 服。

【**方 85** 主治小儿脐风撮口,面赤喘急,啼声不出等症】 赤足金头蜈蚣 1 只,蝎梢 4 尾,僵蚕 7 只,瞿麦半钱。上为末,先用鹅毛管吹药入鼻内,使喷嚏啼叫为可医,后用薄荷汤调服之。

【**方 86** 主治天钓惊风,翻眼向上等症】 干蝎 1 只(瓦炒好),朱砂三绿豆大。为末,泛丸,绿豆大,外以朱砂少许,同酒化下一丸。

【**方 87** 主治淋巴结核等症】 取全蝎、蜈蚣各 1 只,研成细粉,打入鸡蛋 1 个搅拌,用食油炒熟(忌铁锅)服用,每晨 1 次,连服 30 余次。

【**方 88** 主治急性颌下淋巴结炎等症】 将全蝎、冰片按 3∶1 的量混合,研为细末,用凡士林调匀成软膏,装瓶备用。用时将药膏均匀涂于患处,纱布覆盖固定。3 天换药 1 次,1~3 次即可痊愈。

【**方 89** 主治流行性腮腺炎等症】 全蝎用香油炸黄,每次吃 1 只,每日 2 次,连服 2 日。

【**方 90** 主治百日咳等症】 全蝎 1 只,炒焦为末,鸡蛋 1 个煮熟,用熟鸡蛋蘸全蝎末食,每日 2 次,连用 4~5 日。

【方91 主治诸疮毒肿等症】 全蝎7只,栀子7个。麻油煎黑去渣,入黄蜡,化成膏敷之。

【方92 主治蛇咬伤等症】 全蝎2只,蜈蚣1条(炙)。研末,用酒服下。

【方93 主治大肠风毒下血等症】 白矾70~60g,干蝎(微炒)60g。捣细为散粉,每于食前,以温粥调下15g。

【方94 主治食道癌、胃癌等症】 露蜂房、全蝎各40g,山慈姑、白僵蚕各50g、蟾蜍皮30g。以上5味药捣碎,置净器中,用酒1 000g浸之,经7日后开取。每日3次,每次空腹饮10~15g。

【方95 主治耳鸣等症】 蝉蜕10g,全蝎3g,石菖蒲5g,磁石15g,水煎服,每日1剂。

【方96 主治肌纤维炎等症】 全蝎、细辛各等份,共研细末,用凡士林调成软膏。用时取药膏适量涂于患处,以软塑料布覆盖,胶布固定,4天换药1次,3~5次痊愈。

【方97 主治破伤风等症】 全蝎、地龙适量研成粉末,每天早餐后用开水送服3g,15天为1疗程。

【方98 主治增生性脊椎炎、类风、癌肿疼痛等症】 全蝎15g,金钱白花蛇1条(或乌梢蛇30g),六轴子(俗称闹羊花子,剧毒)4.5g,炙蜈蚣10条,钩藤30g,共研细末,分作10包。每副1包,第1天服2次,以后每晚服1包,服完10包为1疗程。

【方99 主治乳腺疾病等症】 以全蝎160g、栝楼25个,将栝楼开孔,把蝎子分装于栝楼内,放在瓦上晾干后研细末,日服3次,每次3g。

【方100 主治肛门周围炎等症】 全蝎40g,研极细末。每晚睡前以白开水送服,每次3g,每日1次。另以10g蝎末与护肤霜和匀,每晚于睡前将患处洗净后涂擦。1日见效,3日症状消失,再治5日以巩固疗效。

【方101 主治偏正头风,气上攻,痛不可忍等症】 全蝎21只,土狗3个,五倍子15g,地龙6条(去土)。研为细末,好酒调成膏子,摊纸上,贴太阳穴。

附录Ⅰ 常见计量单位名称与符号对照表

量的名称	单位名称	单位符号
长度	千米	km
	米	m
	厘米	cm
	毫米	mm
面积	平方千米（平方公里）	km²
	平方米	m²
体积	立方米	m³
	升	L
	毫升	mL
质量	吨	t
	千克（公斤）	kg
	克	g
	毫克	mg
物质的量	摩尔	mol
时间	小时	h
	分	min
	秒	s
温度	摄氏度	℃
平面角	度	(°)
能量，热量	兆焦	MJ
	千焦	kJ
	焦［耳］	J
功率	瓦［特］	W
	千瓦［特］	kW
电压	伏［特］	V
压力，压强	帕［斯卡］	Pa
电流	安［培］	A

参考文献

[1] 中国药用动物志协作组. 中国药用动物 [M]. 天津：天津科学技术出版社，1997.
[2] 赵渤，路阳明. 养蝎与采毒实用技术 [M]. 西安：陕西人民教育出版社，1999.
[3] 马仁华. 科学养蝎实用新技术 [M]. 北京：中国农业出版社，2001.
[4] 曾秀云. 科学养蝎实用技术200问 [M]. 北京：中国农业出版社，2001.
[5] 周元军. 图说蝎子养殖技术 [M]. 北京：中国农业出版社，2002.
[6] 陈德牛，张国庆，刘季应. 实用养蝎大全 [M]. 北京：中国农业出版社，2003.
[7] 王金民. 科学养蝎彩色图说 [M]. 北京：中国农业出版社，2003.
[8] 潘红平. 宋月家. 蝎子高效养殖技术一本通 [M]. 北京：化学工业出版社，2010.
[9] 张国庆，等. 人工养蝎技术 [M]. 北京：金盾出版社，2011.
[10] 朱明生，戚建新，宋大祥. 中国蝎目名录（蛛形纲：蝎目）[J]. 蛛形学报，2004，13（2）：111-118.
[11] 潘红平. 药用动物养殖及其加工利用 [M]. 北京：化学工业出版社，2007.